中国宋锦

钱小萍 著

苏州大学出版社

图书在版编目(CIP)数据

中国宋锦／钱小萍著. —苏州：苏州大学出版社，2011.12（2024.3重印）
 ISBN 978-7-81137-647-0

Ⅰ.①中… Ⅱ.①钱… Ⅲ.①锦-历史-苏州市-宋代 Ⅳ.①TS146.8-092

中国版本图书馆 CIP 数据核字(2011)第 278890 号

中 国 宋 锦

著　　者	钱小萍
责任编辑	阮晓勇
装帧设计	吴　钰
出版发行	苏州大学出版社
地　　址	苏州市十梓街 1 号
邮　　编	215006
电　　话	0512-65225020　67258815（传真）
网　　址	http://www.sudapress.com
印　　刷	苏州工业园区美柯乐制版印务有限责任公司
开　　本	710 mm×1000 mm　1/16　印张 12　字数 161 千
版　　次	2011 年 12 月第 1 版
	2024 年 3 月第 3 次修订印刷
书　　号	ISBN 978-7-81137-647-0
定　　价	45.00 元

版权所有　侵权必究

序 一

《中国宋锦》是钱小萍同志继《中国传统工艺全集·丝绸织染卷》之后的又一力作,也是传统手工技艺领域由代表性传承人亲自执笔,自家人写自家事的难能可贵的一部丝绸专著。

我和小萍同志相识多年。她的一系列卓越成就,诸如人造血管的创制、苏州丝绸博物馆的创建以及古丝绸文物珍品的复制,令人敬佩;也让我确信,她是一位说到做到、总能把事情做到最好的专家,是一位在传统工艺研究保护事业中能信得过、能在真正的意义上引为同志的合作者。正因如此,1995年我和谭德睿先生筹划《中国传统工艺全集》编纂工作时,不约而同地认定小萍同志为《丝绸织染卷》主编的最佳人选,并努力说服她接受了这一她在当初多少有点勉为其难的编写任务。

那本书,她写得很辛苦。从1997年启动到2004年完稿,整整八年,她从搜集资料、考订文献、采访艺人、析解工艺到撰写、编校和审定来稿,事事躬亲,一丝不苟。近百万字的大部头著作三易其稿,最后一稿是在病中靠在床上勉力完成的。那部专著全面、系统地阐述了我国丝绸织染技术,尤以翔实周详的工艺分析见长。人们可以按照书中的叙述,完整地复原各类丝绸的织造。这就为中国丝绸织染留下了一部真实可靠、有确切科学依据的历史性文献,为它的保护传承作出了重要贡献。

《中国宋锦》是《中国传统工艺全集·丝绸织染卷》一专章。钱小萍同志早年便与宋锦有过渊源,对它有相当的了解。为了写好这一专章,她分析了尚存的不少宋锦织物残片,对织机、纹样及其赋存状况作了详细的调查。她既为宋锦的辉煌感到骄傲,也为它的沦落心生悲怆。通过专章的写作,她更坚定了要为宋锦传承发展尽心尽力的决心,在好几次见面和信札来往时都谈到了这一心愿。

作为三大名锦之一的宋锦,进入国家级非物质文化遗产名录本是顺理成章之事。但好事多磨,其间也有过些许周折。在苏州市文化主管部门和众多专家的共同努力下,2006年6月,经国务院批准,宋锦正式列入了第一批国家级非物质文化遗产名录。之后,钱小萍也顺理成章地被命名为宋锦的国家级传承人。几位老艺人都年逾九旬,宋锦的保护传承便历史地落到了小萍同志的肩上。也正是在这样的情况下,由沉甸甸的使命感和责任感所驱动,《中国宋锦》这部著作历时经年而终告完成。其间的艰辛,只有钱小萍本人和她的无条件支持者金振明先生最最清楚。

钱小萍是幸运的。少有人能在一系列卓越成就之后,于耳顺和古稀之年又接连出版两部有重要学术价值的大作。累并快乐着,这就是钱小萍事业成功、生活幸福的锦样人生。

宋锦是幸运的。在众多传统手工技艺中,眼下还很少有哪一门技艺拥有小萍同志这样集艺人、工程师和学者于一身的代表性传承人。相信在有关部门的支持下,她和她的弟子们定能将宋锦承传久远,并在新的历史时期绽现新的锦样光华。

是为序。

华觉明

(华觉明,中国科学院自然科学史研究所研究员/中国传统工艺研究会顾问)

序 二

丝绸是中华民族对世界文明的杰出贡献。早在新石器时代的早期,中国就出现了以蚕纹为装饰主题的工艺品。例如,1978年在浙江河姆渡遗址发现了距今6900年前刻有4条蚕纹的象牙盅及纺织工具;1921年瑞典人安特生(Anderson)在辽宁沙锅屯仰韶文化遗址发现过大理石蚕;1960年在山西芮城县西王村仰韶文化遗址晚期地层发现了陶蚕蛹。蚕纹、石蚕和陶蚕蛹显示了中国古人对蚕的巫术崇拜,到了商代就成为祭祀蚕神的习俗。

1958年,在浙江吴兴钱山漾新石器遗址发现了一批约4700年前的丝织品,有未碳化而呈黄褐色的绢片,已碳化但仍有韧性的丝带、丝线等。原料是家蚕丝,绢片是平纹组织,经密每厘米52根,纬密每厘米48根。1984年在河南荥阳县青台村发现藏于儿童瓮棺内包裹童尸的平纹绢和组织十分稀疏的浅绛色罗,距今约5500年。

公元前11世纪至公元前771年的西周时期,中国已创制出丝绸中最高档的熟丝织品——锦。在辽宁朝阳早期西周墓就出土了锦的残片,经线是多种颜色的,由经线显花,故称"经锦"。据《释名》解析,锦价高贵如金,故"锦"字从帛从金。《范子计然》记载齐国锦绣,

"上价匹二万(钱),中万,下五千",一般绢帛"匹值七百钱"。价差达15倍。《诗经·郑风·丰》:"裳锦裳,衣锦衣。"译成白话即"锦裳外面罩麻裳,锦衣外面罩麻衣"。因锦衣锦裳价贵,故用麻衣麻裳保护之。周代齐鲁等地是丝织中心。

公元前771年至公元前221年的春秋战国时期,齐鲁地区先进的织绣技艺逐渐向其他地区流传。今湖南长沙左家塘、湖北江陵马山等地出土的战国时期的织锦,已有两色和三色经锦,采用经丝牵彩条分区换色的方法使纹样色彩更丰富。

公元前206年至公元220年的两汉时期,织锦提花机构造和提花装造技术有了重大改进,将纹部的提花综线与地部的综片分开。西汉时120蹑的织机至后汉已简化成12蹑,织造功效大为提高。公元1世纪开通了由长安通往西域的"丝绸之路",今在沿丝路地区出土的汉代织锦,纹样中矫健奔腾的珍禽异兽,穿插于山脉云气之中,汉体吉祥铭文嵌饰于其间,内容如"万世如意"、"长乐明光"、"昌乐"、"延年益寿大宜子孙"、"五星出东方利中国"等,积淀了汉代精神文化的丰富内涵。

公元220年,中国历史进入魏、蜀、吴三国鼎立时期。四川蜀锦是蜀国主要财源。当时曹魏和东吴都向四川购买蜀锦。在成都城南有锦官城处于流江(蜀江)南岸,用流江的水洗濯锦,其色鲜明,用他江的水则不佳,故号称"锦里"。晋朝左思《蜀都赋》描写成都"阛阓之里,伎巧之家。百室离房,机杼相和。贝锦斐成,濯色江波",可见晋朝成都蜀锦生产的兴盛。由三国至晋南北朝及隋唐,蜀锦都是中国最重要的织锦;北朝时期由于不同民族、不同文化间交流频繁,中国织锦在图案风格和组织结构上都出现了历史性的重大变化。在纹样风格上，由汉代的动势平衡过渡到静势的对称，动物造型不再是汉代的气势奔腾，而转趋于安详温驯，居守于几何格架之内。在织锦的组织结构上，自西周经春秋战国、两汉、三国、两晋的1 260余年中（公元前841年—公元420年），一直都以沿用三枚经重平组织显花为主，统称"经锦组织"。20世纪90年代先后在新疆天山东部库鲁克塔山南麓的营盘、塔里木盆地东南部、阿尔金山北麓的且末扎滚鲁克和楼兰、吐鲁番阿斯塔那等地的魏晋时期墓葬中发现了由纬线起花的纬锦，组织为纬重平组织，这类纬锦大概是当地人受地中海一带1∶1平纹毛毭屬织物的启发，将中国传统经锦的经线和纬线进行了置换，从而创造出纬线起花的纬锦。到公元7世纪初唐代初年，纬锦就在中国内地流行。此时益州大行台窦师纶亲自创制了一批划时代的蜀锦纹样，成为唐高祖、太宗时期的标准织锦样式。唐张彦远在《历代名画记》卷一〇中记载窦师纶封陵阳公，"敕兼益州大行台，检校修造。凡创瑞祥、宫绫，章彩奇丽，蜀人谓之陵阳公样……高祖太宗时，内库瑞锦对雉、斗羊、翔凤、游麟之状，创自师纶，至今传之"。文中提到的织锦纹样，在西北丝绸之路沿线出土和在日本正仓院保存的唐代绫锦中，都能见到其气势恢宏的风貌。蜀锦被称为中国织锦的第一座里程碑。

公元10至13世纪，中国封建社会趋向没落，西北和东北游牧民族契丹、党项、女真等族威迫中原，北宋政府每年向各地征收大量丝绸布帛，向契丹纳贡。现今考古工作者在中原地区除湖南衡阳何家皂北宋墓外，几乎没有发现北宋高级丝绸文物，而在当时的辽地，则有大量出土。北宋在少府监下辖有绫锦院、内染院、文绣院；另在开封、洛阳、润州（江苏镇江）、梓州（四川三台）设有绫锦院、绣局、锦上添花院等工场；在成都设有转运司、茶马司锦院。到南宋，丝绸业中心在江南官营的杭州、苏州、成都三大锦院，雇工匠各数千人。宋代每年按品级分送百官臣僚袄子锦，分为七等，有翠毛、宜男、云雁细锦、狮子、练雀、宝照大花锦、宝照中花锦。另外有倒仙、球路、柿红龟背、锁子诸锦，及在上元节穿的灯笼锦（又名天下乐锦）。陆游《老学庵笔记》卷二记载其他四时节日穿用的花样："靖康初，京师织帛及妇人首饰衣服，皆备四时。如节物则春幡、灯球、竞渡、艾虎、云月之类，花则桃、杏、荷花、菊花、梅花，皆并为一景，谓之一年景。"宋代文献中谈到的织锦纹样，因出土和传世宋锦很少，如今在宋锦上已难见到，但在宋代其他丝织物如绫、绢、纱中还能见到一部分。而在明清锦绫中，则能大量发现，它们的风格已在隋唐织锦纹样的基础上，融入了写生的手法，形成了既有写实味又有装饰味的独特风格，这种装饰风格一直为明清时期全面传承，并一直传承到现代。明董其昌在《筠清轩秘录》卷下说："宋之锦样，则有刻丝作楼阁者、刻丝作龙水者、刻丝作百花攒龙者、刻丝作龙凤者、紫金阶地者、紫大花者、五色簟文者（一名山和尚）、紫小滴珠方胜鸾鹊者、青绿簟文者（一名阇婆，一名蛇皮）、紫鸾鹊者（一等紫地紫鸾鹊，一等白地紫鸾鹊）、紫白花龙者、紫龟纹者、紫珠焰者、紫曲水者（一名落水流水）、紫阳荷花者、红霞云鸾者、黄霞云鸾者（一名绛霄）、青楼阁者（阁一作台）、青天落花者、紫滴珠龙团者、青樱桃者、皂方团白花者、褐方团白花者、方胜盘象者、球路者、衲者、柿红龟背者、樗蒲者、宜男者、宝照者、龟莲者、天下乐者、练鹊者、方胜练鹊者、绶带者、瑞草者、八花晕者、银钩晕者、细红花盘雕者、翠色狮子者、盘球者、水藻戏鱼者、红遍地杂花者、红遍地翔鸾者、红遍地芙蓉者、红七宝金龙者、倒仙牡丹者、白蛇龟纹者、黄地碧牡丹方胜者、皂木者。"宋锦花色繁多,反映出品种设计和挑花技术及提花工艺的划时代进步。

宋代织锦的组织大体有如下几种类型:

1. 暗夹型三枚斜纹重纬组织,这是隋唐以来的传统织物组织。如新疆阿拉尔出土的北宋簇四盘雕纹锦袍。

2. 由暗夹型三枚斜纹演变到五枚缎纹并有一组夹经向地结型过渡的组织。这种锦在辽耶律羽之墓多有出土,如雪花球路团窠云鹤纹锦、宝阶地团窠云鹤纹锦、锁甲地对鸟纹锦、雁衔绶带纹锦、飞雁纹锦等。

3. 织物表面以纬线显花,反面与其他纬锦相同,包括斜纹纬浮锦,如耶律羽之墓的卷草团窠八瓣宝花纬浮锦、花鸟团窠四鹤纬浮锦及缎纹纬浮锦(如方胜麒麟纬浮锦)。

4. 妆花锦,由缂丝通经断纬的织法运用到织锦上来的织法,花纹用挖梭挖织,但在织物背面浮挂而不形成担扣背,如耶律羽之墓出土的杂花对凤妆金银锦。

公元10至13世纪织锦技艺的成就不但影响到明清,而且影响到现代。

明清时期江南三织造生产宫廷所需龙袍及铺陈锦缎,工技达手工丝绸艺术的最高峰,品种花色都在宋锦基础上进一步发展。明朝南京所生产的云锦,以气魄宏壮、金碧辉煌为特色,著名品种如妆花缎、织金缎,技艺均传承于辽宋。而苏州所生产的重锦、宋式锦、匣锦的织物组织和纹样风格,更保持两宋遗风;至清康熙年间,还有人从泰兴季氏处购得《淳化阁帖》10帙,揭取其上宋裱织锦22种,交苏州机房模取花样进行生产。20世纪50年代初,我到京、苏、沪、杭调查丝绸品种纹样设计

情况,在苏州看到宋锦、缂丝、织金缎、妆花缎、漳绒、天鹅绒、金彩缎、高丽纱等传统品种都在生产,还看到工人在石元宝上将绸缎砑光的情况。而苏州东吴、振亚等丝绸厂,则用铁木提花机生产蚕丝及人造丝等现代产品。振亚绸厂生产的文华缎、月华缎、物华缎,都是用经丝牵彩条的方法在彩条上提花,这种工艺在宋代锦被上也采用。总之,宋锦是我国织锦工艺由传统过渡到现代的桥梁,也是中华丝绸科技艺术发展史上的第二座里程碑。把宋锦的发展写成历史,是今天丝绸生产研究领域的一项光荣任务。

苏州丝绸博物馆的创建者、国家级丝绸专家钱小萍教授,毕生从事丝绸织物设计和研究工作,她先后设计丝绸新品种 50 余种,先后获全国优秀新品种奖和国家金龙奖。以她为首与上海胸科医院医生合作发明的"机织涤纶毛绒型人造血管",被医学界誉为我国第二代人造血管,1983 年获国家三等发明奖,1986 年又获第十四届日内瓦国际发明和新技术展览会镀金牌奖及布鲁塞尔尤里卡银质奖。钱小萍教授对传承发展传统丝绸文化充满无比热情,从 20 世纪 60 年代就致力于恢复宋锦科技艺术的研究和实践,一方面从事苏州传统丝绸品种的创新和开发,一方面呕心沥血奔走号呼,为创办我国第一所丝绸博物馆而奋斗。20 世纪 60 年代,我带领中央工艺美术学院学生到苏州丝绸研究所实习,钱小萍教授在百忙中为学生义务讲课,细心讲述织物组织和纹样设计的关系。当年我在校友吴平小姐家见到我国著名蚕丝专家、苏州丝绸工学院副院长费达生先生,一提起钱小萍,费院长就赞不绝口,说:"钱小萍是我们学校的骄傲!"有一次钱小萍教授在一个雨天的夜晚来找我商谈筹建苏州丝绸博物馆的事,她的衣服已被雨淋湿,空着肚子还没有吃晚饭。她就是这样不辞劳苦,孜孜以求,白手起家,感动了丝绸界同仁和各级领导,终于在苏州创建了一所既有收藏、陈列、宣传、研究功能,又有生产、复制、经营和旅游功能的丝绸博物馆,并建立了中国织绣文物复制中心。她亲自带领年轻的技术人员,到古代丝绸文物出土的地点,对出土丝绸文物进行鉴定和分析,在此基础上进行科学复制。其复制品不但形似,而且神似。复制的先秦两汉及隋唐丝绸文物珍品,分别获得了文化部颁发的科技进步三等奖和一等奖。现在由钱小萍所著的《中国宋锦》即将出版,这是毕生献身于苏州丝绸事业的中国第一流丝绸专家钱小萍教授的又一巨大成就和贡献,敬写序为贺!

黄能馥于清华大学

(黄能馥,清华大学美术学院教授)

目 录

前言 ●1

第一章　源远流长的中国织锦
先秦和两汉时期的织锦 ●1
隋唐时期的织锦 ●8
宋元时期的织锦 ●14
明清时期的织锦 ●17

第二章　宋代织锦的形成和兴起
宋代的社会背景 ●20
宋锦的形成和兴起 ●21
宋锦在苏州的繁荣 ●22
清代的苏州织造局 ●31

第三章　宋锦与蜀锦、云锦及其他民族织锦
宋锦简介 ●34
蜀锦简介 ●38
云锦简介 ●43
宋锦、蜀锦和云锦的主要区别 ●47
民族织锦 ●48

第四章　巧妙的宋锦组织结构

宋锦的组织结构概述 • 55

宋锦织物结构的特点剖析 • 62

宋锦的主要织物规格 • 64

第五章　精湛的传统宋锦制作技艺

宋锦的材质及缫丝工艺 • 67

精练和染色加工工艺 • 69

古代宋锦的经纬线加工技艺 • 72

宋锦的装造和织造技艺 • 80

宋锦的纹制工艺 • 90

第六章　匣锦与小锦的结构与制作技艺

匣锦 • 93

小锦 • 96

第七章　独特的宋锦艺术风格

早期宋锦的艺术风格 • 99

宋后期织锦风格的变革和创新 • 100

宋锦艺术风格的独特之处和名作介绍 • 105

第八章　传统宋锦的产销

宋锦的生产及经营 • 124

宋锦的用途和销售 • 132

第九章　近代宋锦的变革

织物结构的变革 • 137

生产工艺的变革 • 139

第十章　宋锦的保护、传承和创新

保护和传承宋锦的意义与价值 • 144

宋锦的现状 • 146

如何对宋锦进行抢救、保护 • 149

宋锦技艺的传承和创新 • 150

附录

附1　新中国成立前苏州宋锦产品参加国内外展览获奖情况 • 163

附2　联合国教科文组织《保护非物质文化遗产公约》概要 • 165

主要参考文献 • 169

后记 • 171

前　言

中国丝绸历史源远流长。早在 5 000 多年前，我国已经开始对野蚕进行人工驯化，懂得利用桑树叶喂养家蚕，使之结出桑蚕茧，抽出性能优良的桑蚕丝。桑蚕丝具有纤细、光滑、透气且有韧性和弹性等特点，是所有纤维中最好的纺织原料，故被誉为"纤维皇后"。利用桑蚕丝织成的各种不同类型的美丽丝绸，不但穿着舒适，而且对皮肤有天然的保护作用。所以它一经问世，就为世人所钟爱。自古以来，我国即为世界公认的丝绸的发源地。栽桑、养蚕、缫丝、织绸是我国对世界文明的巨大贡献。

人们提起丝绸，就会对它产生一种梦幻般的遐想。它时而象征着轻柔、飘逸，时而象征着光滑、透明，时而象征着富丽、华贵，时而又象征着高雅、庄重。丝绸品种丰富多彩，设计和加工工艺精妙绝伦，充分体现了中国人民的智慧和创造力。丝绸产生了缤纷的美，丝绸融汇了浩瀚的文化。这一切都说明中国的丝绸不但历史悠久，而且内涵丰富。

丝织工艺经过漫长的发展，不断丰富和完善。迄今为止，丝绸的品种类别大致可分为十四大类：即绫、罗、绸、缎、锦、纱、绡、绢、绉、绮、纺、绒、葛、呢等。在各类丝绸中，要数"锦"类品种（统称织锦）结构最为复杂、花色最为丰富、工艺最为精湛,价格也最为昂贵。它是丝绸中最美丽、华贵的品种,古代就有"织采为文,其价如金"之说。数千年来,随着科技的不断进步,每一个朝代在织物结构、图案风格和加工工艺等方面,都必然会打上这个时代的烙印,因而就有最早的楚锦与后来的汉锦、唐锦、宋锦、元锦和明锦等织锦之间的区别,但它们之间又互为联系,相继发展,自成体系。

本书所详述的宋锦就是中国织锦中的一个品种。中国有"三大名锦"和"四大名绣",宋锦与蜀锦、云锦并称为"三大名锦"。由于近数十年来宋锦濒于衰落,因此人们对于"三大名锦"中的云锦、蜀锦尚有所知,而对宋锦却十分陌生。

为了让人们对中国宋锦有较全面的了解,本书对织锦的起源、形成以及各个朝代织锦的发展与演变均作了粗略的描述,尤其对"三大名锦"的概念以及它们之间的内在联系及其区别也首次在书中作了研究分析,以释解人们也许会混淆的一些概念。

本书主要对宋锦的形成和兴起,宋锦的时代背景,宋锦的风格特点、结构和工艺技术等方面作了较为全面和系统的论述。同时围绕着宋锦在苏州的繁荣,后来在苏州的衰落,以及宋锦的现状,又作了详细的介绍。

可喜的是,当今宋锦和蜀锦、云锦一起均被列为人类非物质文化遗产代表作,作者则被评为"宋锦技艺"的首批国家级传承人。为使这一人类非物质遗产得到很好的保护和传承,一生都在古今丝绸领域耕耘、尤其是对中国织锦作过深入研究的本人,自觉更有责任要将所掌握的有关宋锦的一切知识加以总结、概括,撰写到本书中去。如本书详细深入地阐述了"巧妙的宋锦组织结构"、"精湛的传统宋锦制作技艺"以及"独特的宋锦艺

术风格"等,并突出阐明了宋锦的历史价值、科学价值、艺术价值和应用价值。同时更是对自己多年来在宋锦织物设计和工艺技术研究方面所积累的经验和技巧毫无保留地进行了详述,尤其是最后一章"宋锦的保护、传承和创新",均是我亲身的体会与感受,这对推动宋锦事业的发展将具有积极的意义。

钱小萍于美国洛杉矶

第一章
源远流长的中国织锦

先秦和两汉时期的织锦

中国织锦的起源,可以追溯到距今 3 000 年的周代。先秦史籍中,能见到多处"贝锦"、"束锦"、"衣锦"、"美锦"、"玉锦"和"锦衾"等名称的记载。《诗经·小雅·巷伯》中载有"萋兮斐兮,成是贝锦"。据郑笺注:"贝锦,犹女工集采色以成。锦文也。"《穆天子传》中也载有"盛姬之丧,天子使嬖人赠用文锦"。

早在公元前 11 世纪的西周时期,就出现了较简单的锦。如 1970 年在辽宁省朝阳市魏营子西周墓葬中,出土了我国迄今最早的多块几何纹双色织锦,经北京纺织科学研究所分析鉴定,这是由两种不同色彩的经线显花形成的经锦;1976 年在山东临淄郎家庄一号东周墓中,出土了经密度较大的经锦;在 2007 年江西靖安县挖掘的东周大墓中,出土了数块色彩十分鲜艳、经线密度很高的经锦,如图 1-1 所示。

图 1-1 条形几何纹锦
(东周,江西靖安墓出土)

由此可见,不论从文字记载还是出土文物来看,早在周代就已出现了双色经锦,而且制作工艺已经达到了相当高的水平。

在春秋时期,齐国临淄和陈留郡的襄邑都是著名的织锦产地。苏州作为吴国古都,在当时就生产"锦衣"。相传,吴王阖闾时城内有"锦帆泾"。吴王夫差经常携美女乘锦帆彩漆金花舟畅游此河,满河挤满了锦帆俪影,此河由此得名。据史书记载,"晋平公元年(公元前557年),使叔向聘吴时,吴人饰舟以送之,左百人,右百人,有绣衣而豹裘者,有锦衣而狐裘者",展现了晋国的大夫叔向南下吴国访问时,吴王向他炫耀丝绸制的锦绣服饰的场面。《尚书·禹贡》记载了全国九州的物产和进贡的情况,苏州被列的贡品中就有高贵的锦帛,声名远扬。

到了战国中期,我国的织锦有了进一步的变化和发展。据考古发现,在湖南长沙左家塘战国墓出土的不同风格的织锦有6种;在湖北江陵马山一号楚墓出土的不同花色的织锦有12种。如著名的"舞人动物纹锦"(图1-2)、"塔形纹锦"(图1-3)、"对龙对凤彩条几何纹锦"(图1-4)和"凤鸟凫几何纹锦"(图1-5)等。

图1-2 舞人动物纹锦
(战国,湖北江陵马山一号墓出土,湖北省荆州博物馆藏)

图1-3 塔形纹锦
（战国，湖北江陵马山一号墓出土，湖北省荆州博物馆藏）

图1-4 对龙对凤彩条几何纹锦
（战国，湖南长沙左家塘44号楚墓出土，湖南省博物馆藏）

图1-5 凤鸟凫几何纹锦
（战国，湖北江陵马山一号墓出土，湖北省荆州博物馆藏）

作者曾于1988年亲自到湖北荆州地区博物馆进行现场测试分析,尽管出土丝织品大部分已碳化变色,但在显微镜下,尚能分辨几组丝线不同的交织状况。如"舞人动物纹锦"是由三组不同色彩的经线分别显花的三重经锦;而"塔形纹锦"、"对龙对凤彩条几何纹锦"以及"凤鸟凫几何纹锦"虽然为两组经线显花,却巧妙地将经线采用彩条分区配置的方法,使织物表面形成三种以上不同色彩的彩条。它们的纹样大多由几何形和变形动植物构成,纵向循环较短,横向循环较长,这说明当时的织锦很可能是由多综多蹑提花机生产的。

到了西汉,织锦生产有了进一步提高和发展,不论是品种结构、图案色彩,还是制作工艺,都达到了相当的水平。1972年湖南长沙马王堆一号西汉墓出土了保存完好的各种织锦,其中有平面显花的"绀地绛花鹿纹锦"和"香色地红茱萸纹锦",有凸纹立体感的"凸花纹锦"和"绒圈锦",还有花纹若隐若现的"隐花波纹孔雀锦"等。河北巨鹿陈宝光妻革新成120综120蹑的提花机,织出"散花绫"和"蒲桃锦",匹值万钱,显示了汉代丝织提花工艺的辉煌成就。

到了东汉,从新疆尼雅遗址考古挖掘出的大量丝织物中,有不少男女主人身盖的色彩斑斓的锦衾、锦袍、覆面等,使用的织锦品种和花色有数十种,从这些织物的外观风格来看,较前期的锦出现了很大的变化。织物表面以彩色经线显花,将变形的龙、虎、狮豸、辟邪、麒麟、仙鹿等动物形象与云气、山岳等构成流动起伏的生动画面,并在间隙加织各种铭文,如"万寿如意"、"长乐明光"(图1-6)、"登高明望四海"(图1-7)、"五星出东方利中国"、"王侯合昏千秋万代宜子孙"以及"延年益寿大宜子孙"等寓意吉祥的词句,反映了当时人们的审美情趣与美好愿望,由此也可见汉锦风格之多样、织造工艺之高超。

苏州丝绸博物馆、中国丝绸织绣文物复制中心与国家博物馆及新疆社会科学院考古研究所等合作,曾成功复制了新疆出土的东汉织锦的三件代表作,即"延年益寿大宜子孙锦"锦袜(图1-8)、"五星出东方利中国锦"护膊(图1-9)和"王侯合昏千秋万代宜子孙锦"锦被(图1-10)。作者曾亲临现场进行测试、分析和研究,并主持复制工作,经反复探索试验直至成功,从中深深体会到东汉织锦色彩之绚丽、结构和纹样之复杂,工艺技术之精湛。其中尤以"五星出东方利中国锦"最为突出,它的结构为五重经之平纹经锦,经密达220根/厘米,质地丰厚,图案呈现上述典型的汉锦风格,其气势更磅礴,纹样更瑰丽,织造技艺更高超,堪称国之瑰宝。

图1-6 长乐明光锦
(东汉,新疆罗布泊楼兰故城东高台楚墓2号墓出土,
新疆维吾尔自治区社会科学院考古研究所藏)

图 1-7　登高明望四海锦
（东汉，新疆罗布泊楼兰故城东高台楚墓 2 号墓出土，
新疆维吾尔自治区社会科学院考古研究所藏）

图 1-8　延年益寿大宜子孙锦
（东汉，新疆民丰北大沙漠 1 号墓出土，新疆维吾尔自治区博物馆藏）

图 1-9 五星出东方利中国锦
（汉晋，新疆民丰尼雅遗址 8 号墓出土，
新疆维吾尔自治区社会科学院考古研究所藏）

图 1-10 王侯合昏千秋万代宜子孙锦
（汉晋，新疆民丰尼雅遗址 3 号墓出土，
新疆维吾尔自治区社会科学院考古研究所藏）

隋唐时期的织锦

三国两晋南北朝时期,织锦已成为赡军足国的重要手段。诸葛亮在家居之地成都城南双流的葛陌,亲自种桑八百株,以激励军民,并在军令中强调指出,"今民贫国虚,决敌之资,唯仰锦耳","军中之需,全藉于锦"。当时"蜀锦"已成为蜀国的主要财源。史称"蜀以锦擅名天下,故城名以锦官,江名以濯锦"。此后的西晋、北魏、北齐、北周等国,对丝绸生产亦很重视。

东吴自孙策和周瑜偷袭皖城,得袁术部曲及鼓吹、百工三万余人迁吴。公元263年时,又由交趾郡大宋孙胥征集工匠千余人到建邺从织,从此东吴丝织业有了较大的发展。根据《三国志·吴志·陆凯传》记载,"吴国后宫织络宫女乃有千数"。吴王赵夫人擅长织绣,能织作云龙虬凤之锦,刺绣五岳列国地形之图。到东晋时,左思《吴都赋》称江东"国税再熟之稻,乡贡八蚕之绵",吴亦以织锦名扬天下。

从文献记载和对出土文物的分析、测试看,以上时期的织锦,结构多数为二重经、三重经以及多重经分别显花的平纹型和斜纹型经锦,纹样题材遍及动物、植物和几何形以及吉祥铭文、祥禽瑞兽等各个方面。如新疆吐鲁番出土的这一时期的"云

图1-11　云兽纹锦
(北朝,新疆吐鲁番阿斯塔那北区88号墓出土,新疆维吾尔自治区博物馆藏)

兽纹锦"（图1-11）、"对鸟对羊树纹锦"（图1-12）和"'吉'字纹锦"（图1-13）等即为这一时期的代表作品。

图1-12　对鸟对羊树纹锦
（高昌，新疆民丰北大沙漠1号墓出土，新疆维吾尔自治区博物馆藏）

图1-13　"吉"字纹锦
（高昌，新疆吐鲁番阿斯塔那出土）

史载,大业初,隋炀帝巡游江南,用彩锦作帆,连樯十里,李商隐咏《隋宫》诗中有"春风举国裁宫锦,半作障泥半作帆","锦帆百幅风力满,连天展尽金芙蓉"等句。这一方面说明隋炀帝的荒淫奢侈,另一方面也说明隋代织锦的发达。

唐、五代时期,经济、文化极为繁荣,是一个极重衣饰而且较为开放的时代,不但宫女、命妇饰以盛妆,一般妇女亦多锦衣绣缯。由于受西域文化的影响,服饰以绯袄锦袖、窄袒罗衫、半臂和锦腰带等为时髦,如图1-14和图1-15所示。

图1-14 穿"联珠团窠纹锦"的半臂的唐女俑 图1-15 盛装的唐代妇女
（唐,新疆吐鲁番阿斯塔那唐墓出土） （唐,绢画,新疆吐鲁番阿斯塔那张礼臣墓出土）

1990年11月，作者与图案设计师胡芸等在中国历史博物馆测试分析了由青海考古所所长许兴国先生提供的青海都兰热土出土的一批隋唐丝织品，其中重点对隋唐的织锦，从织物的结构到纹样配色均作详细的分析并测绘下来，从中发现此时的织锦在汉锦的基础上又有了进一步的改进，不但出现了更加丰满肥亮的经锦，而且创造出了一种由多种彩纬显花的斜纹型组织结构的纬锦。这是织物在结构和工艺制作上的重大突破。能织出比经锦更繁复、花纹循环和变化更大的织锦，说明此时的织锦工艺技术更趋成熟，花色品种更为丰富多彩。

　　唐代织锦在图案风格上也出现了明显的变化，其一是受波斯萨珊王朝（226—640）的影响，盛行联珠团窠纹；其二是四川益州大行台窦师纶开创了瑞祥、宫绫，章彩奇丽，世称"陵阳公样"，有对雉、斗羊、翔凤、游麟等花色，是唐代流行的典型纹样。在新疆出土的大批唐代织锦中，"胡王锦"（图1-16）、

图1-16　胡王锦
（唐，新疆吐鲁番阿斯塔那唐绍伯墓出土，新疆维吾尔自治区博物馆藏）

"联珠对鸭纹锦"（图1-17）、"联珠对马纹锦"（图1-18）、"花鸟纹锦"（图1-19）以及"花瓣团窠锦"（图1-20）等，均充分体现了唐代丝绸织锦多元化的时代风格特色。其中"胡王锦"为经锦；"花鸟纹锦"、"花瓣团窠锦"、"联珠对鸭纹锦"则为纬锦。

图1-17 联珠对鸭纹锦
(唐,新疆吐鲁番阿斯塔那北区92号墓出土,新疆维吾尔自治区博物馆藏)

图1-18 联珠对马纹锦
(北朝,青海都兰县热史乡血渭吐蕃墓出土)

图1-19 花鸟纹锦
(唐,新疆吐鲁番阿斯塔那北区381号墓出土,新疆维吾尔自治区博物馆藏)

图 1-20　花瓣团窠锦
（唐，青海都兰出土）

以上织锦原件均由苏州丝绸博物馆和国家博物馆合作，先后作了复制与仿制。另外，新疆阿斯塔那墓群还出土了大历十三年（778）的一双锦鞋（图1-21）。其鞋面是用五色丝线织成的宝相花斜纹纬锦，鞋里为六色彩条丝线织成的花鸟流云纹斜纹经锦，整个锦面构图复杂，形象生动，色彩艳丽，组织细密，应该说是古今丝织物中的精品杰作，可见唐代织锦技艺的高超。

图 1-21　变体宝相花纹锦履
（唐，新疆吐鲁番阿斯塔那北区 381 号墓出土，新疆维吾尔自治区博物馆藏）

纵观汉唐时代的织锦,大多为由经线分别显花的三重、四重、五重或五重以上的经锦,以及由纬线分别显花的三重、四重、五重或五重以上的纬锦。当时的锦,不论是经锦还是纬锦,质地普遍厚实挺括,外观丰富多彩,工艺精湛,故一般较适宜制作半臂、腰带、边饰、覆面、锦衾、枕、鞋、袜、护臂等,甚少用于整件袍服。

汉唐的气韵风骨,织进了锦绣罗衣中,美丽如敦煌壁画的光彩,飘逸如吴道子笔下微风浮动的线条,显示了汉唐王朝的气魄和审美取向。

宋元时期的织锦

宋初在五代十国残破的基础上,不断施行了恢复农业生产的一系列措施,到真宗(赵恒,998—1022)末年,便出现了"户口蕃庶,田野日群"的景象,正如宋初诗人所歌颂的"稻穗登场谷满车,家家鸡犬更桑麻"。

同时,北宋时期由于北方兵祸连绵,养蚕、缫丝生产很多停产,而吴越却未经战争破坏,封建朝廷在"天下丝缕之供皆在东南,而吴丝之盛,唯此一区"的情况下,对南方的丝织业更为重视。自赵匡胤建立宋朝后,扶持农桑、奖励蚕织的诏令就屡见不鲜,因此江南的丝织生产在唐末五代较好的基础上进一步发展起来。据《宋会要辑稿》记载,上供的丝织物中北方各路仅占四分之一,而苏浙却占了三分之一。

宋元时期,江南丝织业的规模、水准、工艺技巧、品种结构和花纹色彩不断发展,丝织品种门类繁多。缎类织物也已出现,缂丝更是达到了鼎盛时期,锦类除蜀锦外,又相继形成了风格各异的宋锦和云锦等著名锦类。

宋代丝织品实物出土以福州黄昇墓、江苏金坛墓、宁夏西夏陵、江西德安、湖南衡阳、常州前村等处为多。苏州虎丘塔和瑞光塔也有宋代丝织品出土。1978年,苏州在整修盘门瑞光塔时,发现了五代末北宋初的一批文物，其中最为引人注目的是刺绣织锦类丝织品，如孔雀羽毛锦（图1-22）。该锦现收藏于苏州博物馆。

13世纪后半叶，蒙古入主中原后，织金锦开始兴

图1-22　孔雀羽毛锦
（北宋，苏州瑞光塔出土，苏州博物馆藏）

起。织金锦又称"纳石矢"，即在织锦中配置金银线（有捻金线和扁金线两种），使织成的花卉、景物格外光彩夺目、富丽堂皇，令当时到苏州的马可·波罗大开眼界，赞叹不已（图1-23）。马可·波罗在他的游记中也有这样的描绘，"苏州产丝盛饶，以织金锦及其他织物"。如"盘

图1-23　马可·波罗在苏州
（中央美术学院杜飞教授绘制）

绦四季花卉宋式锦"就是在宋锦中织入了金线。云锦中的妆花金宝地、妆花纱、妆花缎等也都是加织金线的。也有在单色平纹绢地上，局部挖织或抛织金线花纹的织金锦，这些都可统称为"织金锦"，在元代十分盛行。

元代丝织品除在内蒙古、黑龙江、甘肃等地出土较多外，新疆、江苏和山东等地也均有出土。

1964年，在苏州吴县盘溪小学内又发现了元末吴王张士诚母亲曹氏墓(亦称娘娘墓)，出土了大批锦缎绫绢的衣物被褥，如织锦缎被、提花龙凤衣带、绣花鞋、正反云龙缎以及各种花纹图案的丝织锦袍、袄、裙等，质地精美，实物大都完好。图1-24即为现藏于苏州博物馆内的金驼云纹缎的照片。图1-25和图1-26为1970年在新疆盐湖1号墓出土的元代织金锦的纹样照片。

图1-24　金驼云纹缎
(元,苏州张士诚母亲曹氏墓出土,苏州博物馆藏)

图 1-25 花中野兔纹织金锦
（元，美国俄亥俄州克利夫兰美术博物馆藏）

图 1-26 蟒凤纹提花织金锦
（元，美国俄亥俄州克利夫兰美术博物馆藏）

明清时期的织锦

　　明王朝建立后，出身于社会底层、深知百姓疾苦的开国皇帝朱元璋曾说："四民之业，莫劳于农。"他格外重视桑、麻、棉等经济作物的种植，曾下令，民田五至十亩，必须栽种桑、麻、棉各半亩；十亩以上的加倍；不种要惩罚。后来又把这一法令推行到全国，规定种桑麻"四年始征其税，不种桑者输绢，不种麻者输布"。这些措施的实施，大大促进了经济作物的迅速发展，不但为发展丝绸纺织提供了原料，而且促进了人民生活的改善。

　　明清两代，苏州、杭州、南京设"织造署（局）"，产品为宫廷御用，并称"江南三织造"。蜀锦、宋锦、云锦在传统的基础上又有了更大的发展，尤其是宋锦和云锦，达到了历史上的鼎盛时期。在明代，由于在提花织锦上大部分应用了缎纹组织，纹彩格外艳丽，妆花缎成为袍服及室内陈设用品的主要用料，织锦则转向装饰用料方向发展，如彩织巨幅佛像、画轴及坐垫、椅披、装裱用料等。就织锦图案的艺术风格而言，明代较浑厚、粗壮、浓重、大气，如图 1-27 所示；清代则较秀巧、细腻和淡雅,如图1-28所示。

图1-27　"喜"字并蒂莲织金妆花缎
(明,北京定陵出土)

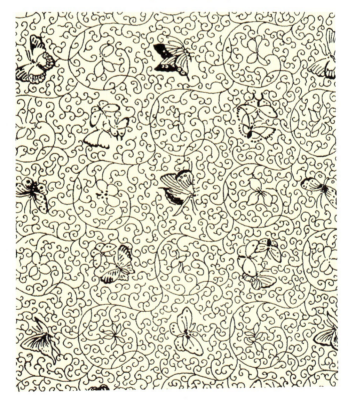

图1-28　穿枝百蝶纹宋式锦
(清)

同时，这一时期的织机装备亦趋完善，机型种类颇多，有缎机、罗机、纱机、绢机、宋锦机（蜀锦机）、妆花机、漳缎机、天鹅绒机、缂丝机等等。官织局中还有四五尺宽的特阔花楼机，可生产宫廷所需的大型织锦挂轴。如苏州织造局乾隆时期生产的彩织重锦，如"极乐世界图轴"等，就是在这种机上制织而成，当时工艺技术的发达可见一斑。

第二章
宋代织锦的形成和兴起

宋代的社会背景

北宋建制后,结束了五代十国的割据分裂局面,与民休养生息,社会经济得以迅速恢复和发展,封建朝廷每年官用绢帛的数量比唐朝更多。一方面,因为绢帛是宋代对辽、夏屈服所输岁币,向金纳贡以及对外贸易的主要物资;另一方面,宋时不但沿袭了前朝的统治机构,并增设了许多官位,只要身入仕途,还另给绫绢罗锦予以奖励。按宋代制度规定,每年必须按品级分送"臣僚袄子锦"给所有的文武百官,其花纹各有定制:有翠毛、宜男、云雁、瑞草、狮子、练雀、宝照(有大花锦和中花锦之分),共计七等。为适应和满足朝廷对绢帛和各式织锦的特殊需要,宋代少府监下辖有绫锦院、绣局、锦院等,规模都很可观。同时在成都设有转运司、茶马司、锦院,由监官专营监制织造西北方和西南少数民族喜爱的各式花锦。

尤其是宋高宗南渡在临安建都后,北方大批统治阶级和官商巨室以及农民、手工业者都纷纷南迁,据《建炎以来系年要录》记载,来自北方的居民竟数倍于原住民。这样,市场上的丝织品销路激增,大大刺激了南方的丝织业生产,杭州、苏州、湖州等地涌现了大批专业性较强的手工业作坊,拥有大批掌握专门技能的工匠,能生产出大量闻名全国的各色织锦。如苏州的织锦,临安的织金、闪褐,梓州的织锦、绫、绮等。从此,苏州、杭州、成都成为全国丝织业的重要基地,并且其影响所及开始通过海上交通延伸到世界各地。据南宋周去非《岭外代答》

和赵汝适《诸蕃志》记载,宋代的东西海上交通发达,东起中国、朝鲜、日本,西至地中海东岸和非洲东部,与中国发生贸易的国家有五十多个,贸易物品包括丝织品、金、银、铜、瓷器、漆器等。

然而,宋朝统治者把丝织品中的锦主要作为向异族纳贡求和的礼品,民间是不允许生产、私运和贩卖的,故在历次考古发现的宋代丝织品中,锦类织物所见不多。

宋锦的形成和兴起

宋锦,应该说它源于东吴,形成于两宋,鼎盛于明清。宋锦,顾名思义,系指宋代发展起来的织锦。就广义而言,它也同于宋代的蜀锦,当时所称的蜀锦和宋锦只是产地不同而已;按传统说法,特指北宋初发展起来的产于两京、真定府及青州的锦。从《宋史舆服志》、《宋会要辑稿》所列两京、真定府及青州生产的宋锦名色看,与《蜀锦谱》中蜀锦名色基本相同。

表2-1 宋锦和蜀锦名色对比

宋 锦		蜀 锦	
名　色	别名或俗称	《蜀锦谱》名色	《十样锦》名目
八答晕锦		八答晕锦	八答晕
天下乐锦	天下乐晕锦	天下乐锦	天下乐
翠毛狮子锦	翠毛细锦	翠池狮子锦	狮团
簇四盘雕锦	簇四雕儿细锦	簇四金雕锦	雕团
盘球之雁细锦	雪雁细锦	双窠雪雁锦	
黄狮子大锦	狮子大锦	大窠狮子锦	
方胜练鹊大锦	练鹊锦		方胜
盘球晕锦		盘球锦	
方胜宜男锦	方胜宜男细锦	宜男百花	宜男
红团花大锦	大锦	真红双窠锦	

续表

宋 锦		蜀 锦	
名　色	别名或俗称	《蜀锦谱》名色	《十样锦》名目
青地莲荷锦	青莲荷锦		铁梗囊荷
黄花锦		葵花锦	
法锦		细、中、粗三法 真红大锦	

从表2-1可看出,在两宋时期,宋锦和蜀锦中有不少花色品名基本相同,只是产地不同罢了。因北宋锦院初建时,锦工来自蜀地,纹样也取自蜀锦,说明宋锦应来自蜀锦,它是在唐代纬锦即蜀锦的基础上变化发展起来的。同时由于宋廷南渡后,不少锦工也随之南迁,使地处江南的苏州大大发展了汉唐以来的丝织工艺技巧,其宋锦生产日益兴盛和发展。到元至正年间(1341—1368)在苏州设织造局,生产的织锦不但在结构纹样和工艺上继承了唐代的风格特色,而且有了变化和创新。到了明清时期,宋锦的图案风格、组织结构和织造工艺等已和蜀锦有所区别。它以纬面斜纹显示主体花纹,经面斜纹为地纹或少量陪衬花,其锦面匀整、质地柔软、纹样古朴,大都供装裱之用。此时的宋锦亦称"仿古宋锦"或"宋式锦",其组织纹样和技法皆继承了宋代织锦的传统。故宋锦始于北宋"作院"和"造作局",南宋时发展较快,元、明、清三代工艺不但相沿不衰,而且更趋精湛。

宋锦在苏州的繁荣

"上有天堂,下有苏杭"这句话是在宋代开始流行的,那时的长江三角洲丰饶得就像一个巨大而殷实的粮仓,故有"苏湖熟,天下足"的民谚。"吴中一年蚕四五熟,勤于纺绩"(图2-1、图2-2、图2-3)。技术水平也趋于全国领先地位,苏州地区很快出现了"丝锦布帛之饶,覆衣天下"的盛况。著名的苏州宋锦就从这一时期开始逐步兴起。

图 2-1　古城苏州

图 2-2　遍地蚕桑的苏州

图 2-3　洗蚕匾

苏州地处太湖之滨,千里沃野,遍地蚕桑,历来为生产锦绣之乡,是我国著名的丝绸古城。

在吴地人的心目中,没有一样东西像蚕这样宝贝、高贵、神圣,因此,人们将它视作亲生的儿子,亲昵地称它为"蚕宝宝";将即将上山的蚕看做即将出嫁的闺女,亲热地称为"蚕花娘娘";还建造寺庙,如苏州

图 2-4　苏州盛泽的先蚕祠

盛泽镇上的先蚕祠(图2-4),用以供奉、祭祀"蚕花娘娘"。每年旧历三、四月便是"蚕月",是一年中最忙的季节,又是采桑,又是饲养,还要贴门神护蚕,对蚕是百般呵护。

《吴歌》里有一首关于养蚕的歌谣,以通俗的语言,生动形象地反映了江南蚕农,尤其是妇女围绕养蚕活动而表现出的一片繁忙景象和一家人对美好生活的热切期盼:

　　四月里来暖洋洋,大小农户养蚕忙;
　　嫂嫂家里来伏叶,小姑田里去采桑;
　　公公上街买小菜,婆婆下厨烧饭香;
　　小孙子你莫与妈妈嚷,
　　养蚕发财替你做衣裳。

南朝民歌《采桑度》中有一首句句言春的采桑歌,也体现出采桑女在春的气息中充满了浪漫的绿色的欢歌情调:

　　蚕生春三月,春桑正含绿。
　　女儿采春桑,歌吹当春曲。

然而,农家养蚕的生活又是辛劳和艰难的,即使农家全力投入蚕业生产,却并未带来幸福生活,因为一番劳作为的是交纳统治者的苛捐杂税。《吴门杂咏·卷十·风俗》中的《蚕妇》这样写道:

　　东家西家罢来往,晴日深窗风雨响。
　　二眠蚕起食叶多,陌头桑树空枝柯。
　　新妇守箔女执筐,头发不梳一月忙。
　　三姑祭后今年好,满蔟如云茧成早。
　　檐前缫车急作丝,又是夏税相催时。

晚唐诗人彦谦的《采桑女》,也形象地描绘了赋税沉重给妇女带来的重压:

　　春风吹蚕细如蚁,桑芽才努青鸦嘴。
　　侵晨采桑谁家女,手挽长条泪如雨。

去岁初眠当此时，今岁春寒叶放迟。

愁听门外催里胥，官家二月收新丝。

旧时对于种桑真可说是精心备至，其工序按时令进行操作，非常细致。大体是：正月，立春、雨水，天晴时种桑秧、修桑；阴雨时撒蚕沙，编蚕帘、蚕簪，本月还要准备桑剪。二月，惊蛰、春分，天晴时浇桑秧，阴雨修桑，捆桑绳，接桑树。三月，清明、谷雨，天晴时浇桑秧，阴雨时把桑绳，修桑具、丝车。四月，立春、小满，天晴，谢桑、压桑秧、浇桑秧、剪桑，雨后还要看地沟桑秧，还要买粪谢桑……一直到十月，还修桑、把桑忙个不停。

蚕种的培育、改良和优化，是蚕桑养殖赖以生存与发展的基础，谈到为近代苏州蚕桑养殖的发展所作的贡献，首推浒墅关蚕种场，可谓蚕桑霸主，既是江苏最大的，也是我国建场历史最悠久的蚕种场之一。浒墅关蚕种场培养的蚕种，不仅提供给全国各地的用户，如浙江、福建、新疆等省区，还走出国门，供应给阿尔巴尼亚、越南、朝鲜等国，在他国异乡生根发芽、开花结果，甚至提供技术指导，开办蚕种场。

这里值得一提的是，蚕桑学家郑辟疆先生是苏州蚕桑业科技兴起与发展的先驱。1918年，他在任浒墅关蚕丝学校校长之职后，即引进先进的技术，对传统蚕丝业进行改革，并在1926年与蚕业专家邵申培一起集资创办"大有蚕种场"，即江苏省浒墅关蚕种场的前身。因当年为丙寅年，又因浒地原名发音为虎，故以"虎"为蚕种的注册商标。蚕种培育和养蚕技术的创新，使蚕农经济效益大为改观，更使中国的蚕桑及丝绸业迎来了有史以来的大发展。新中国成立之前，浒关有大大小小23个私营蚕种场。1949年后，地方政府对浒关各家蚕种场先后进行"对私改造"，变私营为公私合营，再过渡到国有经营；1956年，合并成五个国营蚕种场，其中包括一个原种场、四个普种场。产量逐年增多，从"文革"前一年24万余张，到改革开放后一年70多万张，而每张种子约有14 000颗,孵化率都在95%~96%;桑田近200亩,生产、办公用房多达3 000间,平日基本员工有500人左右,最忙时,所用季节工则要超过3 000人,可见当时的育种养蚕规模确实十分壮观。

苏州吴江、吴县太湖沿岸的乡民皆以饲蚕为主要副业,农家将自育之鲜蚕茧缫制成生丝,或自织,或出售。数千年不断地传承总结,加以提高,使苏州地区所生产的生丝成为中国质量最佳的生丝,其中以明代异军突起的辑里丝为代表,其后又有香山丝问世。

19世纪60年代后,吴江、震泽一带的丝商和蚕农为适应当时国外丝绸机械织造工艺之需,将辑里丝再加工,即经过拍松,剔除糟粕,再加重摇,绕一周长1.5米,分成粗、中、细三个档次,定名为辑里干经。因为是以出口为主,又名洋经。辑里丝经可使国外丝织厂商减少一道络丝工序,颇受欢迎,欧美各国厂商称之为复摇丝,在法国里昂丝市上售价每公斤63法郎,而普通白丝仅值47法郎。辑里丝"颜色纯白,光泽艳丽,质地坚韧,弹性丰富,条份匀整,均非世界各生丝所可比拟"。在国内专供官府,用于织造宫廷丝织品,在近代还大量出口,享誉海内外市场。

清光绪年间成立了经业公所。清末至民国初年,丝经行业成为一个新兴行业,吴江西南境操持此业者达10万之众,且扩展到苏州,集中于官太尉桥一带,为苏城纱缎业供应经纬原料。

苏州蚕桑、制丝业的发达,为苏州丝织业,尤其是宋锦业的繁荣打下了基础,提供了优质的原料保证。

明清时期是宋锦的黄金时代。如果说隋唐时期苏州的丝绸生产技艺和北方还有差距的话,到了明清,苏州织造则完全代表了国家水平。明初洪武元年(1368)开设的苏州织造局,位于苏州市区天心桥东面,有房屋245间,织机173张,额定岁造上用锦缎1 534匹,更多地承担着临时差派任务,如明天顺四年(1460),苏、松、杭、嘉、湖五府,就在常额外增造彩锦7 000匹。弘治十六年(1503),苏杭两局曾增织上贡锦绮24 000匹。如此等等的临时任务常常会令额定数量高出几十倍。在明代中叶，朝廷除官府、宫匠织造外，不得不再雇用民间机户包揽领织，才能完成织造任务。故这时的宋锦业官办、民办产销两旺，各地商贾云集，盛极一时。成化、弘治年间（1465—1505）为繁盛时期。明代有"吴中多重锦，闽织不逮"之称。

明清两代有很多宋锦精品传世，如宣德年间精美绝伦的重锦"昼锦堂记"，万历年间完成的"大藏经"的裱面及织有熠熠发光的真金线的"盘绦花卉锦"，以及现分别收藏于故宫博物院和苏州博物馆的王文肃夫妇合葬墓和元代的曹氏墓出土的宋锦文物等。另外，嘉靖末年（1566）严嵩的抄家物资中，有各色宋锦达87匹，也是宋锦中的精品。据嘉靖年间《吴邑志》记载，明中叶时苏州有"东北半城，万户机声"之称，可见苏州东北半城专业丝绸生产区域的景象。

清初宋锦织物的作用范围扩大，清代的苏州织造局（详见于后）的产量、规模均为"江南三织造"之首。康熙、乾隆年间（1662—1795），苏州进入了宋锦历史上的全盛时期。坐在织机的花楼上面的牵花工口唱手拉，按挑花纹样提综，坐在下面机坑潭里的织工闻歌默契配合，每提一次综，就织入一根纬线，织机发出"咿咿呀呀"的声音，织入千千万万根纬线，就形成了一匹匹织锦。延续到清代的乾隆盛世，苏州仍然"郡城之东皆司机业"。除了织造丝绸锦缎，结综掏泛、插丝调经、牵经接头、挑花结本等众多辅助行业也在东北半城聚集。当时苏州有十几万人从事与丝织相关的行业。"东北半城，万户机声"的盛况，造就了苏州的高度繁荣，引来了皇帝的多次南巡。

乾隆二十四年（1759），苏州画家徐扬绘制了长达12.55米的巨幅纪实图画《姑苏繁华图》（又名《盛世滋生图》），以恢宏的气势，形象地反映了苏州城市从阊门经山塘到木渎一线商贾云集、商店林立、贸易繁盛的景象。图2-5为《盛世滋生图》局部。

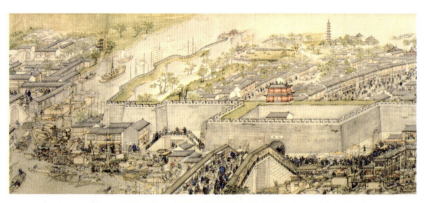

图2-5 《盛世滋生图》(阊门局部)

画面中,"阊门内外,居货山积,行人水流,列肆招牌,灿若云锦"。仅标出有市招的店铺就达230多家,共50多个行业。而最引人注目的是丝绸业的店铺与行会,多达14家,其中最大的一家有七间门面,还有一家两层楼五间门面,可以看出当时苏州丝绸织锦业的繁荣。

据《苏州府志》记载,当时生产织造的品种花色仍有海马、云鹤、方胜、宝相花等,均是以宋代和明代流传下来的纹样仿制生产的,故又称仿古宋锦。宋代早期的图案年久失传,直至康熙年间,始有人从泰兴季氏处购得《淳化阁帖》宋裱十帙,揭表其上所裱宋锦二十种,转售给苏州宋锦机业,使早期失传的宋锦珍品得以恢复重新组织生产,并加以创新改良,使其胜于原貌,使这些早期失传的宋锦图案又能恢复生产。

其中《淳化贴宋锦帙》,上面写着"坚瓠第五集,秘锦向以宋织为上,泰兴季先生,家藏《淳化阁帖》十帙,每帙悉以宋锦装其前后,锦之花纹二十种,各不相犯。先生殁后,家渐中落,欲货此帖,索价颇昂,遂无受者。独有一人以厚赀得之,则揭取其锦二十片,货于吴中机坊为样,竟获重利。其贴另装他纻,复货于人,此亦不龟手之智也。今锦纹愈出愈奇,可谓青出于蓝而青胜于蓝矣"[1]。

---

〔1〕《丝绣笔记》卷下。

故宫博物院收藏的"西方极乐世界图轴"(图2-6)就是乾隆时期苏州织造局织造的宋锦中的重锦;该图轴结构之复杂,图案之精美,色彩之丰富,工艺之精湛,堪称稀世珍宝(详解于后)。另外,"云地宝相花纹重锦"及"加金缠枝花卉天华锦"等,也均为苏州宋锦中的精品。

图2-6　西方极乐世界图轴

清代的苏州织造局

因苏州宋锦大部分系在苏州织造局制织,所以在这里对苏州织造局略作介绍。

苏州织造局设于顺治三年至光绪三十二年(1646—1906),历时260年。织局机构分为南北两局,南局亦称总织局,设在葑门城内带城桥东下塘(今苏州市第十中学),其范围东至学校健身房,西至大仙庙,北至孔府史巷,南至河沿,全部面积约60亩。初建时有大门前后5间,验缎厅3间,机房196间,铺机400张,绣缎房5间,局神祠7间,染作房5间及其他用房20余间,由工部侍郎陈有明总理其事。北局亦称织染局,设在城中察院场以南200步,玄妙观东,西临开心桥,原为明代织染局旧址改建(今北局人民商场一带)。计有机房76间,染房5间及其他旧房,派满官司尚志督理。两局共铺机800张,额设匠役2 602名。顺治十年(1653),改派工部右侍郎周天成并管两局,又经重修扩建大堂3间,头门、仪门、库房各3间,机房增为214间,并改称为苏州织造公署。康熙十三年(1674)改为苏州织造衙门,并在二十年至二十二年(1681—1683)又经两度重修,并增建机房。雍正三年(1725)织机数减为710台。乾隆年间又减至663台,匠役2 175人。咸丰十年(1860)在太平军与清军的战争中,两局全毁。至同治二年(1863)织局恢复,合并两局为总织局,局址移至南石子街十号(今大儒小学)。当时局内有妆蟒花缎正匠253名,每名随匠役2名;素机正匠4名,随匠役1名;工匠767名及局役242名;铺机257台。同治十一年(1872),清政府委派德寿为三品衔织造臣,负责重修苏州总织局,并兼任浒墅关税务使。重修房廊共计400余间,及司库、笔帖式等官署用房。修复后的织造衙门设有织造部堂、织造府堂(付)和四个织造笔帖式官吏(民间称之为四蟹一蟾),此外尚有书吏及书办各十余人,职管6人。其下分为：东库堂有官司差机户320名，主办织造缎匠，兼办锦缎罗绫绉；西库堂主办刺绣、缂丝。南局用房分为头门、二门、大堂、暖阁、宅门、二堂、七房（五开间）、东花厅、东签押房、库房、西花厅，最后为局神祠（大仙殿）和其他用房。

苏州织造局属"江南三织造"管理体系之一，规模最大，织造、练染及缂绣工艺也较完整，故所织产品闻名于世。康熙时孙佩所著《苏州织造局志》，为我国历代官司府织造存世史志的孤本，尤为国内外丝绸史学界所珍视。

苏州织造局的主要任务是织造"大运"（亦称正运）绸缎，至于上传物用的绸缎须再进贡，主要有年节贡、端阳贡和万寿贡三大节贡。此外，还有很多临时性差派，可谓名目繁多。据同治、光绪年间不完全统计，苏州织造奉旨派办的就有：同治、光绪帝大婚，乐部和声署鼓衣袍袖，皇太后万寿，内府驾衣等差事，每次所费最少数千两，多达14万两，耗费惊人。在故宫档案资料中查到的苏州织造报销的黄册项目共19宗，耗银总数达1 061 671.48两。而且，晚清期织造耗用更大，如光绪皇帝的大婚典礼中，江南三织造制办皇后妆奁及赏赐所用绸缎2 800余匹及绢线等数千斤，其中苏州织造制办的有1 130匹，用银即达17.9万余两，清王朝穷奢极侈、不体恤民艰的腐败生活由此可见一斑。苏州织造局对龙袍类织物的织造生产，以技术高超而著称，尤其是缂绣锦缎类工艺产品，对工艺图案要求严谨，色彩上基本染色共有36种，其中上用22色，官用14色。日常织造生产的主要品种有各式宋锦、丝绒、闪缎、闪锦缎、蟒缎、花宫绸、江绸、宁绸、素缎、花缎、云缎、妆花缎、片金缎、暗花缎、织金缎、彩纱、寿字纱、教子纱、漏地纱、水纱、御览纱，清中晚期又生产暗花漳缎、漳缎、陀罗尼经被等。

苏州织造局遗址现为江苏省文物保护单位，现在苏州第十中学内，尚存大门、仪门、暖阁、堂舍及花园、鱼池、瑞云峰太湖奇石、碑刻等，可供中外游客游览参观（图2-7、图2-8）。康乾两朝皇帝执政时，曾先后12次南巡苏州,均驻于苏州织造府行宫。

图2-7　清代织造局遗址

图2-8　织造局遗址内的瑞云峰

第三章
宋锦与蜀锦、云锦及其他民族织锦

众所周知,中国有三大名锦,即四川的蜀锦、苏州的宋锦和南京的云锦。它们都是中国织锦的典范和精华,但它们因为各自不同的风格特色而自成体系。

宋锦简介

宋锦的概念

宋锦,系指宋代发展起来的以经线和纬线同时显花的具有宋代艺术风格的织锦。元、明、清三朝以后所形成的以经面斜纹作地,纬面斜纹显花的锦又称宋式锦、仿宋锦,但统称宋锦。就广义而言,宋代的宋锦同于宋代的蜀锦。当时所称的蜀锦和宋锦只是产地不同,但蜀锦形成得更早。宋锦继承了汉唐蜀锦的特点,并在此基础上又创造了纬向抛道换色的独特技艺,在不增加纬线重数的情况下,整匹织物可形成不同的纬向色彩。

到了明清时期,宋锦的图案风格、组织结构以及装造和织造技艺等已和蜀锦有了很大的区别,它在继承唐宋织锦的基础上有了新的变化和发展,不但经纬线并用来显现花纹和地纹,而且横向又应用彩纬抛道换色,使其质地坚柔轻薄,花色丰富典雅,具有独特的艺术风格。所以,宋锦被誉为中国织锦的第二个里程碑。因其主要产地在苏州,故之后谈到宋锦,都称为"苏州宋锦"。

宋锦的类别

宋锦根据其结构的变化、工艺的精粗、用料的优劣、织物的厚薄以及使用性能等方面的不同,分为重锦、细锦、匣锦和小锦四类,也可以将重锦、细锦归并为大锦,即分为大锦、匣锦和小锦三类,它们各有不同的风格和用途。

1. 重锦

重锦是宋锦中最贵重的品种,它常以精炼染色的蚕丝和捻金线或片金为纬线,在三枚经斜纹的地上起各色纬花。其金线一般用以装饰主花或花纹的包边线,并采用多股丝线合股的长抛梭、短抛梭和局部特抛梭在花纹的主要部位作点缀。重锦的质地厚重精致,花色层次丰富、造型多变、绚丽多彩,产品主要是宫廷、殿堂、室内的各类陈设品,如各类挂轴、壁毯、卷轴、靠垫等。如宝莲龟背纹锦(图3-1)。

2. 细锦

图 3-1　宝莲龟背纹锦

细锦是宋锦中最基本、最常见、最有代表性的一种。细锦的风格、组织和工艺与重锦大致相近,只是所用的丝线较细,长梭重数较少,底经与面经的配置比例和组织多有变化,并常以短抛梭织主体花,以长抛梭织几何纹及花的枝、叶、茎和花纹的色包边线等,以其中一组或两组短抛梭来变换色彩,不增加其厚度。原料除有全桑蚕丝外,近代多采用桑蚕丝与人造丝交织,以降低成本。故细锦易于生产,厚薄适中,广泛用于服饰、高档书画及贵重礼品的装饰装帧等。细锦图案一般以几何纹为骨架,内填以花卉、八宝、八仙、八吉祥、瑞草等纹样,典型品种有"龙纹球路锦"(图3-2)、"菱格四合如意锦"。

图 3-2　龙纹球路锦

(清,北京故宫博物院藏)

3. 匣锦

匣锦,是宋锦中变化出的一种中档产品,它采用桑蚕丝、棉纱和真丝色绒(真丝色绒系不加捻或加少量捻的精炼染色的色蚕丝)交织。花纹图案大多为满地几何纹或自然型小花,以对称、横条形排列为主,色彩对比强烈,风格粗犷别致。织造时多数采用两把长抛梭织地纹和花纹,再加一把短抛梭点缀,以变换花纹之色彩。质地较疏松,织成后常在背面涂一层薄浆,使之挺括。一般用做中低档的书画、锦匣、屏条等的装裱。如图3-3所示。

图 3-3　匣　锦

4. 小锦

小锦则是宋锦中派生出的又一种中低档产品,实际上它不应属于宋锦,但因它与宋锦一样也是作装裱之用,且与宋锦在同一工厂生产,故将它也归入广义的宋锦大类中。小锦多数为平素或小提花之单层织物,采用彩色精炼蚕丝作经线,生丝作纬线,通过色彩配置和花纹的不同而使织物风格各异,如彩条锦、月华锦、"万"字锦和水浪锦等。因质地轻薄,成品需用传统的石元宝进行砑光整理,使其柔软,并具有光泽。适用于装裱精巧的小型工艺品锦匣,如扇盒、彩蛋匣、银器匣镶边等。如图 3-4 所示。

图 3-4　小锦(水浪锦)

蜀锦简介

蜀锦的概念

蜀锦在三大名锦中历史最长、内容最丰富,在国内外影响也较大。它兴于战国而盛于汉唐,因产于蜀地而得名。它是中国最早的织锦,被誉为中国织锦的第一个里程碑。根据其织物组织、生产流程、使用机具和提花技术的工艺演进,可以划分为经锦和纬锦两大类型和两个历史阶段。汉晋前后,锦的结构均是由不同色彩的经线显花,属经锦。直到隋唐以后,逐渐演变为由不同色彩的纬线分别显花的纬锦。到宋末至元、明、清时代就发展为既有经线显花又有纬线显花的织锦。这一时期的蜀锦,有相当一部分是同于宋锦的。如《蜀锦谱》中的各式锦。

直至近代,又演变为以经面缎纹为主体,起不同色彩的纬绒花,或在不同色彩的晕绚缎地上,起单色或多色的纬绒花的一种锦缎。如图3-5至图3-13所示。

图3-5 红地八角团纹锦

图3-6 墨绿地圆花锦　　　　　图3-7 福禄寿纹锦

图3-8 藻井纹彩锦

蜀锦的类别

(1) 全部由经线显花的经锦,如图 3-9 所示,而且还出现了分彩条排列在织物上形成经向多彩效果的经锦,如图 3-10 所示。

图 3-9　经线显花的茱萸纹锦

图 3-10　彩条经锦树纹锦

(2) 全部由多彩纬线显花的纬锦,如图 3-11 所示。

图 3-11　纬线显花的联珠对雁锦

（3）由经纬线同时显花的织锦，如图3-12所示。

图3-12　经纬同时显花的龟背地折枝花织锦

（4）由经线作缎面，纬线起纬浮花的蜀锦。其中有始于唐代而盛于近代的晕绚锦，如经向呈现不同深浅彩条的"月华锦"和经向色条稀密排列的"雨丝锦"，还有经纬向形成方格花纹的"方方锦"等。如图3-13、图3-14、图3-15所示。

图3-13　月华锦

图 3-14 雨丝锦

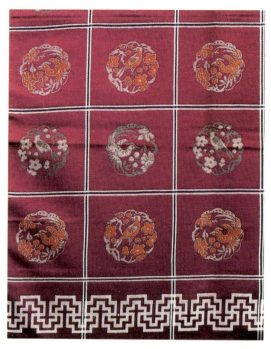

图 3-15 方方锦

蜀锦图案的取材十分广泛,除了各种动物、植物、几何形图案外,诸如神话传说、历史故事、吉祥铭文等题材均被巧妙利用。另外,对禽、对兽纹和联珠团窠纹等也是蜀锦中常用的代表性图案。

因此,自古以来,蜀锦广泛用于皇家、宫廷、贵族等高贵的服饰和装饰品。

云锦简介

云锦的概念

云锦系在经纬交织的缎地或者纱地上,用多种彩纬和金银线挖织显现纬花,其质地缜密厚实,色彩富丽堂皇,犹如天上的云霞,故称"云锦"。云锦应该说是在蜀锦和宋锦的基础上演变和发展而成的。它既借鉴了唐宋织锦的工艺技术,又发展了一种独特的手工挖织技艺,使织物上任何部位的花纹可以变换不同的丝线和色彩。这一工艺技术大大超越了蜀锦和宋锦,故被誉为中国织锦的第三个里程碑。

云锦形成于元代,而鼎盛于明清。华丽富贵的云锦在元、明、清三代一直成为皇家御用产品,从帝后的龙袍凤衣到殿堂的宫帏帐幔,无不彰显着南京云锦的精工细作和不惜工本的皇家气派。

从云锦的产地来看,江浙地区是历史上的主要产地。除明清时期的江宁、苏州、杭州三大官营织造外,清道光二年(1822)苏州还成立了"云锦公所"。但南京"江宁织造局"对提高云锦的品质,促进民间织锦的发展起到了非常积极的作用。并且,长期以来,南京地区尤其是南京云锦研究所较系统地保留和发展了云锦独特的传统技艺。故现在所称云锦,多冠以"南京"之名,称"南京云锦"。

云锦的分类

云锦的花色品种繁多,制作工艺精良,主要可分为"库缎"、"库锦"、"妆花"三大类。每一类中又因花色、风格、组织结构和丝线用色、种类的不同,可细分为不同的品种,如:

库缎又分为本色库缎、地花两色库缎、妆金库缎、妆彩库缎、诰敕神帛等;

库锦又分为织金锦、二色金库缎、彩花库缎、芙蓉妆、天华锦、金彩绒等;

妆花又分为金宝地、妆花缎、妆花纱、妆花罗、妆花绸、妆花绢等。

图 3-16 至图 3-20 为三大类中代表性品种的实物照片。由于云锦

图 3-16　库　缎

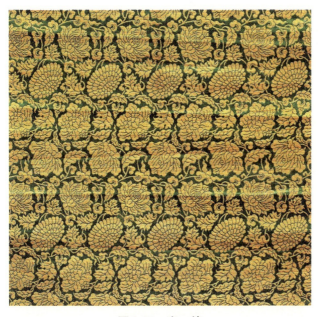

图3-17 库 锦

图3-18 妆 花(金宝地)

图 3-19　妆花纱

图 3-20　妆花缎

织工精美,质地厚重(尤其是妆花缎、金宝地),织物富丽堂皇,古代一直是帝王的御用品。近现代多用于西藏、新疆、内蒙古等少数民族地区的服饰、衣帽、镶边、垫边,寺庙佛事的装饰以及室内的高档装饰品等。

宋锦、蜀锦和云锦的主要区别

上文分析了宋锦、蜀锦和云锦各自的特点后,读者对三锦应略有所知。那么,它们三者究竟有哪些区别呢？主要体现在以下五方面:

外观风格

云锦亮丽堂皇,珠光宝气,富有皇家气派。纹样以清地散花、自然花卉、吉祥如意等为主体,花形硕大,夹金银线,色彩浓艳,呈现出金翠交辉的绮丽风姿。蜀锦因历史悠久,不同朝代有不同的风格特色。纹样以半清地和满地为多,图案题材有变形的动物、云气、吉祥铭文、花鸟禽兽、几何、彩条等,可谓丰富多彩、雍容华贵。宋锦则古朴典雅,纹样以满地几何填花为特色,结构细腻,图案纤巧秀美,耐人寻味。色彩丰富多变,但艳而不俗。

组织结构

宋锦以斜纹结构为主,经纬显花,纬向以长梭和彩抛为多；蜀锦古代以经锦、彩条经锦或纬锦为主,近代多以晕绚缎纹地纬绒花或缎纹地彩纬花为主；云锦以缎纹地或绢地、纱地等结构加上彩纬以及金银线挖织,纬向以通梭和断纬相结合。

质地

云锦最为厚重,蜀锦为次,宋锦较为轻薄。

生产工艺

蜀锦最早采用丁桥织机和多综多蹑织机,单经轴织造。后发展为与宋锦、云锦一样,采用花楼织机(分大、小花楼),以束综与综片起落相结合的方法来进行织造。只是宋锦和蜀锦均采用经向两组经线,双经轴织造,纬向多把梭、长短抛相结合投纬;云锦则采用经向一组经线,单经轴织造,纬向采用多把梭、铲纹刀和过管挖织相结合投纬。

用途

蜀锦和宋锦相类似,古代多用于外国使团、王室、寺庙之赠礼和御用品,如锦衣、锦衾、锦襄、佛被、围屏等;宋锦多用于宫廷挂轴、各种铺垫陈设及书画装帧、裱装等;云锦除古代为帝王御用品和佛事寺庙用品外,还用于室内装饰和蒙古族等少数民族的服饰、衣边、帽边等。

民族织锦

民族织锦主要是指少数民族生产的织锦,如苗族的苗锦、壮族的壮锦、黎族的黎锦、傣族的傣锦,还有毛南族的毛南锦等。它们的质地大都为棉与丝,与丝绸中的三大名锦蜀锦、宋锦和云锦极有渊源,并与三大名锦交相辉映,相辅相成,但又始终保持着各自鲜明的地域特征和民族特色。

以下主要对几种典型的民族织锦略作介绍。

壮锦

广西的壮锦历史悠久,据《广西通志》记载,宋代已有生产,明代万历年间,所生产的龙凤壮锦为当地重要贡品。清代壮锦生产已相当普遍。据乾隆《归顺直隶州志》记载:"嫁奁土锦被面决不可少,以本乡人能织故也。土锦以柳绒为之,配成五色,厚而耐久,价值五两,未笄之女即学织。"又据《粤西笔记》记载:"僮女染纱织布,五彩烂然……凡贵官富商,莫不争购之。"说明当时的壮锦生产,已成为壮族妇女的重要家庭副业。壮锦产自壮族聚居地区,主要包括广西宾阳、忻城、柳州、靖西等地。壮族人民自古勤劳善织,服饰文化绚丽多彩,并创造出竹笼提花织机的织造技术,生产的各类壮锦织物闻名全国。图3-21为壮锦的代表性品种之一。

图3-21 壮 锦

壮族古称"俚族"和"土族",至宋代起才称为"壮(僮)族",主要分布在广西、云南、贵州和湖南的部分地区,手工纺织业极为发达,织物品种丰富多彩,有色织的斑布、柳布、象布、子(麻织物)、壮人布(棉织物)、水绸、壮锦(丝织物)等。壮锦类织物是壮族地区的优秀传统产品,所产有壮锦被面、罗心(背心)、服装、头巾、背包、鞋帽、窗帘等织品,具有很高的艺术水平,深受壮族、瑶族、苗族等广大少数民族的喜爱。

壮锦的图案多数以方胜菱形几何纹为骨架,以花鸟、鱼蝶等自然动植物为主花,作骨架填充,或另以回纹、"万"(卍)字纹、水波浪等地纹作陪衬,这与宋锦图案有些类似。壮锦一般为色织起花,大多以红色、青色、黑色、杏黄、翠绿或本白等色的棉纬(有时也采用毛或麻纬)作地纹,以丝纬或棉毛纬起花纹。组织采用平纹地,二重或三重纬起花,局部采用抛梭和挖花,即逐花异色,使花样色彩更为丰富,这与宋锦和云锦也略有相似之处。以上说明壮锦与三大名锦之间有着微妙的联系。

壮锦采用竹笼机生产,如图3-22所示,这里不作详述。

图3-22　竹笼机

黎锦

黎锦是海南地区黎族创造的独特织锦,历史已经超过3 000年,是中国最早的棉纺织品,古称"吉贝布"。黎锦服饰异彩纷呈,包括筒裙、头巾、花带、包带、床单、被子(古称"崖州被")等。有纺、织、染、绣四大工艺,色彩多以棕、黑为基本色调,青、红、白、蓝、黄等色相间使用,配制适宜,富有民族装饰风味,构成奇花异草、飞禽走兽和人物等丰富图案。黎锦精细、轻软、耐用。"黎锦光辉艳若云"就是古人对黎族织锦工艺发出的由衷赞美。《后汉书·南宝西南夷列传》记载,汉武帝(公元前140—前88)时,孙幸为朱崖(即珠崖,今广东海口)太守,"调广幅布献之",黎锦已负盛名。南宋,江苏松江(今上海)纺织家黄道婆在崖州(今广东南海)悉心向黎族人民学习黎锦的错纱、配色、综线、提花等纺织技术,于元代元贞年间(1295—1297)返回松江,将技术传播到江浙和中原,迅速推动了长江下游棉纺业的发展,掀起了被海内外学者称誉的持续数百年的"棉花革命",使棉织品取代麻织品成为生活必需品,黄道婆也成为中国棉纺织业的"始祖"。

黎锦的基本组织为共口平纹地,三到四色纬浮花。黎锦起初只是用简单的腰机挑花而成,如图3-23所示。后来发展为用台式素织机制织。通过应用彩经和彩纬相结合的显花方式,应用斜纹组织,再配以绣、染工艺,黎族妇女创造出了大量图案夸张、色彩艳丽、质地厚实的黎锦织品,如图3-24所示。

图3-23 腰 机

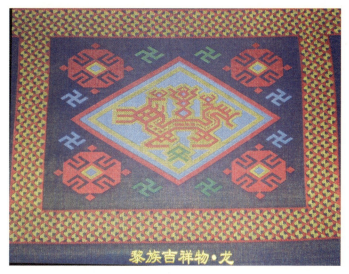

图3-24 黎 锦

土家锦

土家织锦是土家族传统的手工艺织品,包括"土花铺盖"(又称"西兰卡普")和"土家花带"两大类。传统的土家织锦多以麻、棉、丝为原料,由手工挑花编织而成,工艺独特。图3-25所示为土家锦现场挑花织造的情景。

图3-25　土家锦现场挑花织造的情景

"西兰卡普"是土家语"花铺盖"的意思,主要用途是做被面和小孩用的窝被、脚被及盖裙。它在土家织锦中最具代表性和典型性,有"对斜"平纹素色类型和"上下斜"斜纹彩色类型两大流派。而"土家花带"则是土家织锦中一种简单易学的小手工艺品,主要用于腰带、裤带、孩子背带、围裙带等。

据说土家族先民古濮人是最早在武陵山区采取和使用朱砂的部族。土家传统织物染色大多是使用当地的矿物、植物和动物染料。如红色采用丹砂、苏木、茜草、苋菜等;黄色采用黄栀子、酸杆(虎杖)等;绿色采用洞又刺及黑苞刺等;黑色采用五倍子或山柳等;蓝色则用"土靛"(用蓼蓝叶与石灰酿制而成)。

土家织锦的图案朴实大方，色彩斑斓而饱满厚重，由于受织锦工艺制作的限制和本民族审美趣味的影响，其造型在艺术风格上不求复杂，而善于以意象的再现来表现对象。它的传统纹样可以分为两大类，一类是"名符其实"，即图案名称与所表现的内容能直观看出，如阳雀花、马毕花、实毕花等，是土家先民渔猎时期的古老遗风；另一类是"名存形异"，即仅凭直观的纹样看不出表现的内容，如四十八勾系列、梅花系列、台台花等，是清代改土归流后多种文化碰撞的痕迹风格。

土家锦组织为平纹地，斜纹起纬浮花，基本为通纬，局部花纹采用挖梭即通经断纬制织（如图3-26）。

图3-26　土家锦

苗锦

苗锦是我国苗族的特色织锦，汉末三国时代已有五色的苗锦。苗锦通常用棉经纬交织平纹组织作底，纬线起花，用通经通纬和挑花挖织方法织造。经线采用自纺的白、黑或青色纱，纬向除地纬外，其余则采用适合于图案花纹的各色丝线。基本组织为人字斜纹、菱形斜纹或复合斜纹，多为小型几何纹样，图案结构严谨，由直线和由短直线构成的曲线以及点线面组合而形成。一种是以"之"字形的二方连续反复结合；一种是菱形四方连续。色彩喜欢用桃红、粉绿、湖蓝、青紫等色，瑰丽而具独特风格,主要用做苗族服装镶嵌帽边、衣领、衣袖或作其他装饰(图3-27)。

图3-27　苗　锦

苗锦有几种,大部分在织机上用手工制织而成。但还有一种手工挑织的平锦,是以加工过的土布为底,按布纹的经纬走向,用彩色丝线挑织而成,因而也叫"挑锦"。除平锦的挑法外,绉、卷、瓣也是制作苗锦的特有技法,即先以七色丝线编成绳丝,再根据需要,用不同技法嵌在底布上,然后剪绒。这种技法适宜于表现各种动物造型,如在动物造型的空隙处,用平挑的技法缀以花卉及几何图形。绉、卷、瓣突出了动感,平挑又给人以静感,几种技法并用,使整幅构图透出一种浑厚凝重、古朴典雅的韵味。

苗锦的常用图案有"双凤朝阳"、"双喜临门"、"九龙戏珠"、"雄狮绣球"、"水牛春犁"等。

第四章
巧妙的宋锦组织结构

宋锦的组织结构概述

由于宋锦基本由蜀锦演变而来,故宋锦中的重锦和细锦,其组织结构也是在蜀锦的组织基础上变化发展而成的。早期的蜀锦组织为经锦组织,即全部由经线显花。到唐代开始出现了纬锦组织,即全部由纬线显花。而宋锦则既保留了小部分的经线显花或作地纹,又主要以纬线显花,故它是一种由经锦与纬锦演变而成的新结构,基本具有纬锦的特点。它的基本组织为经三枚斜纹和纬三枚斜纹,即以经三枚斜面纹作地,纬三枚斜纹显花。但也有少数宋锦的组织以六枚不规则经缎纹作地,纬三枚斜纹显花。整个组织为多重纬组织,系唐代斜纹型纬锦织物结构的变化和发展。

重锦与细锦的组织均采用两组经线与多组纬线交织而成。其中一组经线为地经(亦称底经),即为基本经,用于起底纹和花纹轮廓,一般采用精炼染色的合股蚕丝。另一组经线为接结经或特经,传统称面经(下称面经),一般用单根生蚕丝或较细的浅色蚕丝,用于纬线浮长的接结,俗称"间丝"。地经与面经的排列多为3∶1,但有时也出现有2∶1、4∶1和6∶1等,视织物的密度和需要纬浮的长度而定。如2∶1,则花纹组织中纬线浮长短,6∶1则花纹组织中纬线浮长长。

宋锦纬线重数的多少,取决于织物的风格特点和花纹色彩的繁简。重锦多采用4~6把长抛梭(简称长抛),1~3把短抛梭(简称短抛)。但有时制织贵重图轴类需加长抛和特抛,其纬线色彩可用到20

多种轮回换织。据文献记载，现收藏在故宫博物院的乾隆时期的重锦"极乐世界图轴"就用了约 19 把长短抛梭制织而成。而细锦通常以采用 2 把长抛或者 3 把长抛和 1 把短抛的三重或四重锦组织为多。

下面分析几个宋锦织品实例的组织结构。

菱格四合如意锦

以细锦"菱格四合如意锦"为例（图 4-1）。作出两组经线和三组纬线交织的花地组织图和结构图，如图 4-2、图 4-3、图 4-4、图 4-5 所示。

图 4-1　菱格四合如意锦

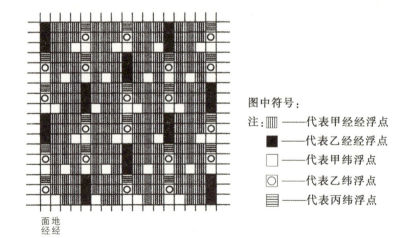

图 4-2　地组织展开图

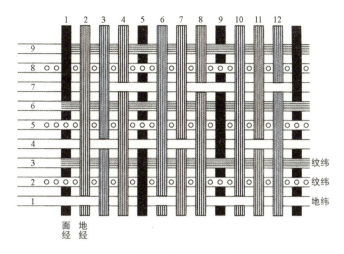

图4-3 地组织结构图

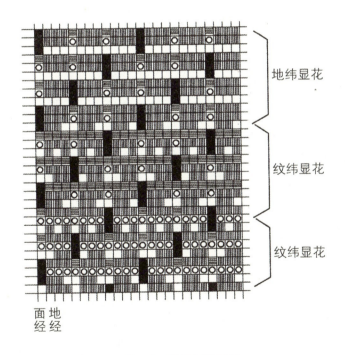

图4-4 花组织展开图

其中甲、乙纬为长抛梭,丙纬为短抛梭,可分段换色,虽然组织结构不变,但可不断变换色彩,使织物表面呈现丰富多彩的外观效果。

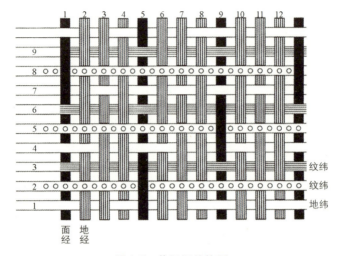

图 4-5 花组织结构图

宝莲龟背纹锦

以重锦"宝莲龟背纹锦"为例(图 4-6)。基本组织同上,只是因排列比的不同,组织交织状态也就不同。尤其在花纹部分,其丝线的浮长就较长,花纹效果较为丰满肥亮。图 4-7 为该织物的结构示意图。

图 4-6 宝莲龟背纹锦

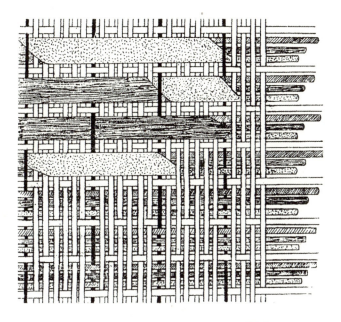

图 4-7　宝莲龟背纹景结构示意图[1]

其中地经与面经之比为 6∶1，纬线有四组，即为四重纬。

地经：香黄色，熟丝双股弱捻，每厘米 120 根；

面经：香黄色，半练丝，较细，每厘米 20 根；

地纬：香黄色，单股弱捻，每厘米 24 根；

纹纬：分长抛梭和短抛梭，长抛为湖蓝、艾绿和香黄色；短抛为一组纬线，由朱红、粉红、橙黄、秋香四色轮换。

缠枝牡丹

以明朝"缠枝牡丹"为例（图 4-8）。该织物的地经组织与大多数宋锦织物的地组织不同，这在宋代的织锦中几乎没有，直到明清时期的"宋式锦"中才开始出现。它系采用六枚不规则经面缎纹为地纹，以三枚纬面斜面纹为花纹。作者幸得一残片，方可作具体分析如下：

---

[1]　此图由陈娟娟、黄能馥作。

1. 经纬线组织排列

地经与面经之比为6∶1,地经采用双股弱捻精练色蚕丝,直径约0.15毫米。面经采用单股生丝,直径约0.7毫米。纬线有三组:一组为地纬,系无捻色蚕丝,直径约0.35毫米;两组为纹纬,直径较粗,约0.6毫米,其中一组为换色短抛梭。

图4-8　明·缠枝牡丹

2. 基本组织

地组织:地经与地纬交织成不规则六枚缎纹,如图4-9所示。

花组织:三组纬分别与面经交织成三枚纬面斜纹,如图4-10所示。

地经:米黄色。

面经:本白色。

地纬:本白色。

纹纬:长抛梭,蟹青色。

短抛梭,土红、杏黄和豆绿色间隔轮换。

从图中可看出,因地纹为缎纹,在花纹组织中甲纬、乙纬、丙纬之浮长较长,故织物表面较为丰满肥亮。

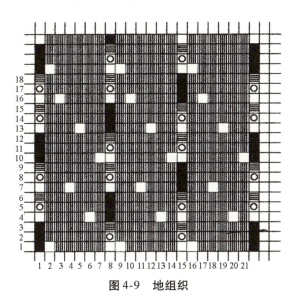

图 4-9　地组织

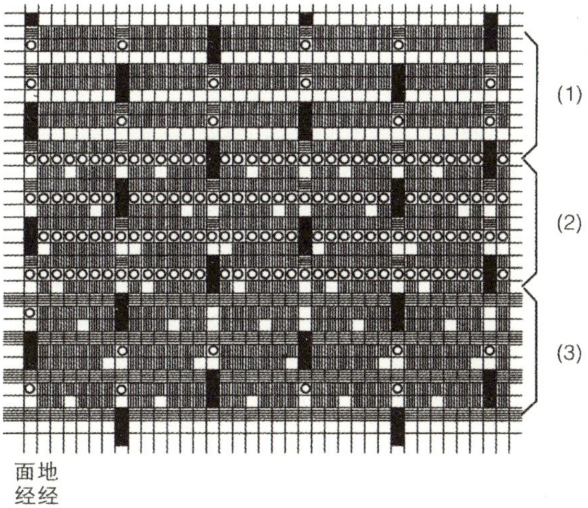

（1）地纬显花　（2）纹纬显花　（3）纹纬显花

图 4-10　花组织

宋锦织物结构的特点剖析

织物结构的构成要素有:丝线材料(包括材料的性能、丝线形态和纤度)、织物组织、经纬密度以及加工工艺状态等。现将宋锦的织物结构具体剖析如下:

宋锦的丝线材料

1. 性能

传统的宋锦所用丝线均为真丝(蚕丝),现代宋锦则用真丝和化纤等材料。

2. 形态和纤度

宋锦的经线有两组:

甲经为$(1/20/22D 厂丝 8T/cm^S \times 2)6T/cm^2$,即为21旦尼尔的加弱捻双股精练色丝。其功能用于起地纹和少面积的花纹;

乙经为$1/20/22D$生厂丝,纤度只有甲经的$1/2$,其功能用于纬线的接结。

宋锦的纬线有多组,根据织物的需要,采用粗细不等的真丝精炼色丝。其中甲纬为与甲经交组成地纹的较细色丝;乙纬、丙纬为与乙经交组,直接起花纹的较粗色丝。其纤度约为经线的3~4倍。

织物组织

宋锦的基本组织是经三枚斜纹和纬三枚斜纹。

"经三枚"是指地纬与甲经(地经)的交织状况,其经线的屈曲为$2:1$的斜纹经三枚,它为地纹部分的表层组织。其实甲经同时与甲纬以及多组纹纬交织,如三重锦。则甲经的综合交织跨度为$8:1$的九枚经斜纹才循环。如前图4-3所示。

"纬三枚"是指纹纬与乙经(面经)的交织状况,即 1∶2 斜纹的三枚。由于乙经与甲经的排列比为 1∶3,故纹纬与甲、乙经的综合跨度应是 1∶11 的十二枚纬斜纹后才循环,如前图 4-5 所示。

因此,宋锦织物组织的完全组织循环经纬数为 12×9,现作宋锦花地部分的结构剖面图如下,以更为形象和清晰地看出宋锦的结构状况。图 4-11 为宋锦织物的纵剖面图。图 4-12 为宋锦织物的横剖面图。

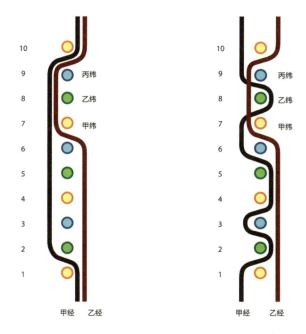

图 4-11　宋锦织物的纵剖面图

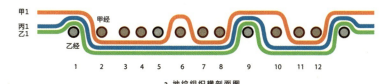

图 4-12　宋锦织物的横剖面图

经纬密度

宋锦的经密视宋锦不同的用途而定,同时还要根据甲、乙经的排列比不同而有所增减。如果甲经与乙经的排列比为 3∶1,则甲经经密一般为 60~75 根/厘米左右,乙经经密则为 20~25 根/厘米左右。

宋锦的纬密,视纬线的粗细、重数和排列而定。如果排列比为 1∶1∶1 之三重纬,纤度在 120~160 旦尼尔,则纬密为 90~75 根/厘米。

根据上述剖析,可得出宋锦织物结构的巧妙之处为:

(1)由于宋锦所用丝线的纤度较细,经纬密度适中,三枚斜纹组织的交织相对紧密,故宋锦的质地比较轻薄、细腻、平整。

(2)由于接结花组织的乙经纤度较细,乙经的密度又仅为甲经密度的三分之一或六分之一,故纬线浮长相对较长,花纹组织清晰、饱满、色泽纯正。

(3)由于在不增加纬线重数的前提下,其中一组或两组纬线采用换色抛道工艺,故织物能既轻薄又色彩丰富而多变。

(4)由于织物组织以三枚斜纹为主,故织物表面光泽柔和,质地平挺,不易产生卷边现象,更适合装帧、装裱之用。

5.由于织物组织为三枚斜纹,所采用的综片数较少,花地组织只需采用 6 片综片即可,便于穿综和起综,给生产织造带来方便。

宋锦的主要织物规格

新中国成立前,宋锦织物幅宽 66 厘米;新中国成立后,交织仿古宋锦熟货幅宽 75~76 厘米,匹长 30 公尺,匹重 3.7 公斤。现介绍宋锦中的几个主要规格,见表 4-1 和表 4-2。

表4-1 近代宋锦规格

品号品名	成品规格			织造规格					织机装造				地部组织	后处理工艺
	门幅（厘米）	经纬密度（根/厘米）	克/平方米	筘幅	筘号	穿入	经线根数	纬纬组合	梭箱	经轴	纹针数	花数		
64171 宋锦	外:95.7 内:95	经:81 纬:90	155	外:98.4 内:97.4	20	3	内经：甲:5 760+36 乙:1 920+12 边经：甲:100×2	经：甲：(1/20/22^P 桑蚕丝 8T/cm-s×2) 6Tcm-Z色 乙：1/20/22^P 桑蚕丝 纬：甲、乙、丙均为 1/120^P 有光人丝,色	2×2	2	1 152	5	三枚斜纹	色织平挺整理
64170 阔宋锦	外:151 内:150	经:82.2 纬:90	154	外:155.6 内:153.6	20	3	内经：甲:9 252 乙:3 084 边经：甲:82×2	同上	2×2	2	1 152	8	三枚斜纹	色织平挺整理
64854 宋锦	外:81 内:80	经:80 纬:90	150	外:83.05 内:82.05	19.5	4	内经：甲:4 800 乙:1 600 边经：甲:42×2	同上	2×2	2	1 200	4	三枚斜纹	色织平挺整理
64164 匣锦	外:73 内:72	经:44 纬:46	41	外:75 内:74	14.26	3	内经：3 168 边经：12×2	经：甲：(1/20/22^P 桑蚕丝 8T/cm-s×2) 6Tcm-Z 熟色 边经：1/32S/2 棉纱 乙：1/20/22^P 桑蚕丝 纬：甲：1/20/22^P 桑蚕丝生染色 乙：1/32S 原色棉纱 丙：3/50/70^P 桑蚕丝色	2×2	1	972	3.26	缎地纬绒	刮浆整理

中国宋锦

表 4-2 传统宋锦规格

成品规格		织造规格		
外幅	56 厘米	钢筘	内幅 55 厘米 + 边幅 0.5×2 厘米 = 外幅 56 厘米　筘号:11.8　穿入:8	
内幅	54 厘米		内筘齿数 648 + 边筘齿数 6×2 = 总筘齿数 660	
经密	72 + 24 根/厘米	经线数	甲经:3888 根 + 边经 48×2 = 总经线数 3 984 根	
纬密	24×6 根/厘米		乙经:1296 根	
匹长		经线组合	甲:1/28/30D 厂丝 8T/M ×26T/M 熟丝色	
匹重			乙:1/40/44D 生厂丝	
基本组织	三枚斜	纬线组合	甲:2/40/44D 熟丝 色	
			乙:3/50/70D 熟丝 色	
			丙:3/50/70D 熟丝 色	
			丁:3/50/70D 熟丝 色	
			戊:3/50/70D 熟丝 彩(抛道换色)	
			己:3/50/70D 熟丝 彩(抛道换色)	
		织机装造	牵线:648 根综线:1 296(3 根/综) 柱脚:1 296 根　花:2 综片:6 + 3 片(1 根/综) 梭箱:木梭箱	投梭顺序	手工投梭:甲、乙、丙、丁、戊、己

第五章 精湛的传统宋锦制作技艺

宋锦的材质及缫丝工艺

宋锦的特点之一就是全真丝熟织物。所谓真丝,即将蚕茧进行缫丝加工而成。

古代缫丝方法,宋代以后,南方用冷盆,北方用热釜。冷盆缫丝法缫得的丝称"水丝",热釜缫丝法缫得的丝又称"火丝"。

冷盆缫丝时也是在热盆中煮茧,在丝绪索出时将黄丝乱茸除去,得到一根清丝时送入温水中,几根并合缫成生丝。由于缫丝的温水盆水温较低,所以称为冷盆缫丝。缫丝时始终保持水温恒定。冷盆缫丝可防止煮茧太熟、丝胶过度溶解、丝纤维软弱无力之弱点,所缫的生丝"洁净光莹","比热釜有精神,而又坚韧"。冷盆速度虽慢,但质量却高,《豳风广义》记载:"冷盆丝为上,火丝次之。……精明光彩,坚韧有色。丝中上品,锦绣纱罗之所出也。"

用热釜法缫丝时,煮茧与缫丝共用一锅,直接安放在灶上,"锅上横安丝车一个","釜要大……釜上大盆甑接口,

图5-1 热釜缫丝

添水至甑中八分满。甑中用一板栏断,可容二人对缫也。……水须热,宜旋旋下茧"(《豳风广义》)。《天工开物》称:"锅前极沸汤,丝粗细视投茧多少。"(图5-1)

　　用热釜法煮茧,采用温度很高的沸汤,煮缫时投入茧量的多少,既要依据丝条粗细,又要注意茧子煮熟状况。若茧子"多下,则煮不及,煮损"。此外,下茧量多少,往往还根据生丝的用途而定,一般绫锦丝一起投茧二十枚左右,包头丝只投十余枚。即厚重织物用丝应多下茧,而薄型织物用丝则少下茧。热釜缫丝法的长处是煮茧缫丝的效率较高。《王祯农书》称:"凡多茧者,宜用此釜,以趋速效。"但由于每次投入盆中的茧量大,缫丝速度快,故不易控制粗细,所缫丝质量不如冷盆丝。

　　元朝的统一促进了南北缫丝技术的融合,到明朝基本上形成北缫车与南冷盆结合的技术,成为后代缫丝技术的主要形制。

　　历史上苏州的制丝业极为发达,产于吴江震泽与湖州南浔间的辑(七)里村的辑里丝,以及之后的香山丝,之所以成为中国生丝之名品,除得天独厚的自然条件外,关键还在于精湛的缫丝技术和较为先进的生产设备。当地蚕户有世代相传的缫丝传统,掌握了精湛的缫丝技艺,特别是对煮茧汤温的观察,以"细泡微滚"(即水面出现蟹眼大小之气泡)为宜。乾隆《震泽县志》(卷二十五)谓:"(汤温)太冷而绪不出,太热而茧成绵,故汤必频易,火必适中。"也即汤温太低,解舒程度差,索绪不易;汤温过高则茧子煮得过熟,丝胶溶解过多,不利于集束抱合,并导致丝色变褐。又云:"汤之深,丝不光莹。"故勤换汤水才能使丝产生光泽。明清以来,吴江吴县蚕区的手工缫丝器具亦屡经改进,至清中期丝车制造技术日益精良,苏州地区太湖沿岸蚕区出现一种式样相近的改进型木制脚踏缫丝车(图5-2),通过运用连杆机构的原理,只需一人手足并用即可完成索绪、添绪和卷取操作。而改进型的缫丝器,可同时缫3绪,大大提高了缫丝的劳动效率。

图 5-2　脚踏缫丝车

缫出的蚕丝,要成为织造锦缎的经纬线,还必须经过精练、染色以及各道准备工序的加工。

精练和染色加工工艺

精练

古代的生丝精练一般通过草木灰的灰练和水练两种方法。据《慌氏·练丝》载:"以兑水沤其丝七日,去地尺暴之。昼暴诸日,夜宿诸井。七日七夜,是谓水涑。"灰练和水练的基本工艺流程如下:

1. 灰练

草木灰液　　在阳光下暴晒

生丝——浸练——脱水——熟丝

常温七日　　丝与地面相距一尺

2. 水练(昼夜交替)

阳光暴晒　　井水、常温

生丝——浸泡——脱水——晾干——熟丝

七昼　　七夜

灰练所用的碱剂是比较温和的草木灰,生丝在常温的草木灰液中经长时间浸泡,这是一种缓慢而均匀的传统脱胶方法。当时还有应用猪胰子练丝的技术。到后来又发展为煮练和捣练,也有应用碱剂初练、酶剂复练的二次脱胶工艺。近代宋锦经纬线的精练则多数为皂碱法和酶练法,有的甚至一直沿用至今。

染色

古代真丝的染色均采用矿物和植物染料染色,早在10万年前,山顶洞人用赤铁矿研成粉末涂在装饰品上,这可以说是古代使用矿物颜料的起源。后来随着矿冶技术的进步和化学知识的普及,又发现许多矿物颜料,如丹砂、粉锡、铅丹、石黄、大青、赭石等,助染剂如白矾、黄矾、绿矾、皂矾、绛矾、冬灰、厂灰等。其中铅丹即黄丹,也即丹粉,是黄色或白色的粉质颜料,在古代曾用于丝绸印花的染料。如故宫博物院织绣馆曾收藏一件山西出土的南宋时期的粉剂印花罗,就是用这类丹粉用胶拌和后印成的。

与此同时,当我们的祖先由采集野生植物过渡到种植农作物,掌握了丰富的植物学知识的时候,发现许多植物含有的色素可以用来浸染丝、棉、麻和布帛,因而就发明了用植物染料染色的方法,而且用一种染草就能染出很多深浅不同的色彩层次,或者用几种染料套染的方法,染出很多间色和复色。

例如,用茜草染色,浸染一次,得极浅的红黄色;浸染两次,得浅红黄色;浸染三次,得浅朱红色;浸染四次,得朱红色。

又如,用蓝草来制造蓝靛,染青色,这是古代染料中用量最大的。宋锦的

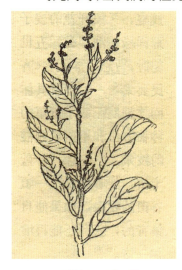

图5-3 蓝 草

彩色丝线,应用较多的青色就是蓝靛所染,如图5-3所示为蓝草示意图。公元5世纪时,贾思勰在《齐民要术》一书中就具体而详细地记载了蓝草的种植方法和用蓝草制靛的技术。到明清时期,苏州染的天蓝、宝蓝、葱蓝在全国系质量较高的名品。

另外还有染紫色的紫草,染黄色的栀、地黄、黄莲根等。发展到宋代,植物染料的种类更为丰富,已形成百色俱全的色谱。宋代的织锦就是应用染成五颜六色的丝线,织成各种美丽的花纹。例如,集写生花纹和几何花纹于一体的"八达晕锦",百鸟穿花的"紫鸾鹊谱",金地中五彩的"百花攒龙"等,这些用植物染料染色的实物都可以在故宫博物院看到。

宋朝的文献还记载了这样几个小故事:

《宋史·南唐世家》说:南唐后主李煜的妃子在一次染色的时候,把没有染好的丝帛放在露天过夜,丝帛因为受了露水,起了变化,竟然染出了很鲜艳的绿色。后来把这种绿色称为"天水碧"。

在宋朝人的笔记《燕翼贻谋录》中记载:宋仁宗时,南方有一个"染王",用山矾叶烧灰染色,染成一种暗紫,既文雅又富丽,人们都称它为"黝紫"。从此黝紫就风行一时。现在故宫博物院所保存的一些宋朝的缂丝和宋锦,其中就有不少用紫色丝线织成的花纹,如"紫汤荷花"、"紫曲水"等。苏州丝

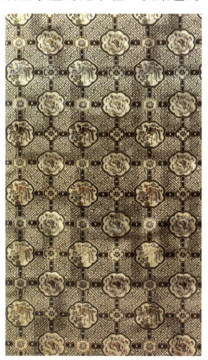

图5-4 浅葡萄地方格团龙团凤锦
(苏州丝绸博物馆藏)

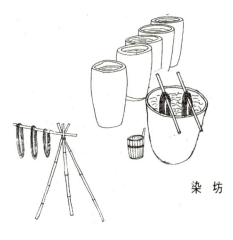

染坊

图 5-5 "一缸二棒"的染色工具

绸博物馆收藏的一件"浅葡萄地方格团龙团凤锦",也是应用紫色丝线织成的地纹花(图 5-4)。

绞丝染色工具一般为大铁锅或染缸,将绞丝穿在两根光滑的竹杆上,搁在缸或锅沿上,顺、逆时针方向用手来回地翻动竹杆,将竹杆前后抖动,确保丝线染色均匀,这就是古代的"一缸二棒"染色工艺(图 5-5)。一般采用植物、酸性染料进行染色。染完色后用固色剂进行固色,然后水洗、晾干。

古代宋锦的经纬线加工技艺

宋朝官营丝绸生产作坊通常称为"院"、"务"、"作"等,而且分工极细,有专门的作坊制作经纬线,如制线所、摇丝作等。现在苏州尚有"打线巷"等遗迹。南宋楼璹在《耕织图诗》中,将当时蚕织生产从养蚕、缫丝到织绸细分为二十四事,即浴蚕、下蚕、喂蚕、一眠、二眠、三眠、分泊、采桑、大起、捉绩、上蔟、炙箔、下蔟、择茧、窖茧、缫丝、蚕蛾、祀谢、络丝、经、纬、织、攀花、剪帛等一系列过程(图 5-6)。

图 5-6　《耕织图》中养蚕的情景

宋朝时民间的丝织业也很发达，可谓"二女机杼，交臂营作，事为纤巧，以渔信息"。故宫博物院藏有传为宋代王居正作的绢本《纺车图》（图 5-7），图中生动描写了民间妇女纺线的情景。

图 5-7　《纺车图》

古代宋锦的经线分地经和面经两种，地经用真丝精练色丝，面经采用生丝（本色土丝）。主要加工工序有：调丝、并丝、拈丝、牵经、过糊、通经和摇纡等。现分别阐述如下：

调丝

也称络丝或翻丝，古代又称络垛，是加工经纬线必不可少的一道工序。具体操作为：

（1）丝线的绷拉：分出长短框，长框丝一起绷，短框丝一起绷，对个别长短框须个别绷。将丝框套在两手上，然后摊平绞线，绞丝的正面朝外，两手用力向外拉，再向内收。这样反复几次，使丝框中丝线松弛和伸展,便于下一道加工。

（2）丝线的套装:在套丝时,首先找出绞丝上相邻的两个绞,观察成绞丝线的多少,如有 1/3 左右的丝线形成平纹绞,则将此绞穿入两绞杆内;反之,则采用另外两个绞来形成调丝绞,然后将丝框套在另外的四根绞杆上。

（3）丝线的运行:如图 5-8 所示。丝线经过丝框后,直接通过导丝钩到达箴子上。调丝的张力由手工来调节。调丝时,操作者一手拉动绳子作前后运动,绳子的摩擦使调丝杆带动箴子转动,使丝线卷绕到箴子上。随着手拉绳子不断左右、前后地运动,来调节丝线在箴子上的成形。另一只手轻轻拉动丝框最上面的丝线,帮助丝线从丝框上退绕下来,以提高调丝的质量及效率。

图 5-8　调丝示意图

从图中看出,以四根竹杆绷上丝框,上方一杆,以作朵丝用,丝引入箴子,摇动子便将丝框之丝络于箴子上。图 5-9 为苏州丝绸博物馆复制的调丝架。它结构简单,作用为将成绞的蚕丝手工翻络到箴子上,以备牵经和摇纡。

图 5-9　现代复制的调丝架

浸泡

将若干个丝篯子扎在一起后进行浇油,将菜油加热至40摄氏度左右,用一个长柄的小勺将菜油浇在篯子上,让油在篯子上形成一条手指宽的油线,主要起润滑的作用。然后将篯子放入一个装满河水的大缸内,一手将丝篯按在水中,另一只手拿好一根约20厘米长的空心小竹杆,一头压在篯子上,用嘴对着小竹杆另一头使劲地往上吸,并不停地转动篯子,主要是促进水分渗透到丝内。这种方法俗称呼篯头,一直呼到丝篯子沉入水底,分钟取出晾干,就完成此道工序。如呼得不匀,可用手轻轻拍打丝篯子表面,使水分均匀渗透到丝篯子内部,以使丝身润滑柔软,便于进行下一道工序。

并丝

根据不同品种的需要,如要将丝线加粗,则必须通过数根并合。传统的并丝工具较简单,将需并的篯子放在地上或置于架上,然后通过一个朵丝钩,将丝线并合后,通过手持篯子转动或以手拉绳带动篯子转动(其原理与调丝车相似),将丝线并绕到另一个篯子上去。如图5-10(a)、图5-11(b)所示。

图5-10(a) 轴向并丝示意图

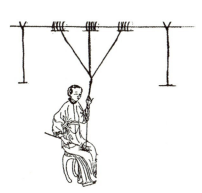

图5-11(b) 经向并丝示意图

捻丝

为了提高丝线的强力和耐磨度,古代就发明了对丝线加捻的方法。主要器具由纺坠演变为手摇纺车,尔后发展为脚踏纺车。我国约在南宋时期开始出现水转大纺车,宋锦的经线加捻有可能是通过大纺车完成的。大纺车起初用于麻纺,元、明以后,逐步发展形成了丝棉纤维捻线车。由于它比其他纺车锭子多,车体大,被称为"大纺车"(图5-12)。其结构简单,工效较高,便于推广。

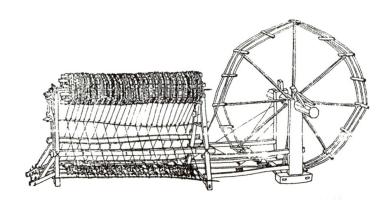

图5-12 大纺车

大纺车由加捻、卷绕和传动三个部分组成。具体操作为:把需要加捻的丝或麻预先卷绕到锭管上去,然后将锭管插在锭子上,并将丝、麻缕之头端绕上丝框。加工时,锭子一边旋转,一边按规定的速度把丝线从锭子上沿纺锭轴向抽出来,丝框同时卷绕丝线。这时丝线由于锭子转动的速度和丝框卷绕的速度之差异而获得加捻,故称为"退绕加捻法"。加捻和卷绕的动作连续地分别由两个机构来进行,原来锭子所兼负的卷绕工作改由丝框来完成。大纺车加捻和卷绕的速度既可以固定,又可以调节,这样便于所加的捻度的控制。

为获得不同捻向的丝条,可以改变大竹轮的旋转方向。大竹轮逆时针旋转,使锭子作顺时针方向回转,丝条得到Z捻;反之,则得到S捻。

定型

定型又称伏捻,即将加捻好的线框放在一个竹制的蒸笼中,上面盖一块毛毡布,放在专门用于定型的大铁锅上,通过水蒸气进行定型,其作用是将并合加捻的丝线粘合在一起,使捻度不脱散而保持稳定。一般蒸25~30分钟,冬天时间稍长些。

牵经

所谓牵经,就是根据宋锦品种不同的要求,如总经线数、密度、长度和幅宽等,将筬子上的经线卷绕到上机的经轴上。古代牵经方法有地桩式牵经、轴架式牵经以及经耙式牵经等。有据可循的轴架式牵经方法首见于南宋楼璹的《耕织图》,其工具为筬子、经架、圆框(图5-13)。图中有三个织妇在操作,两人在前,一个人转动圆框卷绕经丝,另一个人左手拿木梳一把,右手作辅助,对经丝进行梳理;在后面经架处有一妇女,将丝筬上的丝线进行牵理排列,以防乱头。古代宋锦的牵经方法大多采用经耙式(图5-14)。

图5-13 轴架式牵经

图5-14 经耙式牵经

将调好丝的筬子按一定的规律排放在地上,从筬子上退解出来的丝线，首先一个溜眼穿一根经丝，四个溜眼为一组，溜眼使筬子上的丝线行走方便，而且能分清每一根经丝，便于解决在牵经过程中出现的断头、打滚及筬子的更换问题。穿入溜眼的丝，接着穿入掌扇，掌扇相当于现在的分绞筘，用做打绞。单数的经丝穿入瓷孔，偶数的经丝从相邻竹片中间穿过。直到穿完一条牵经的经丝数，所牵的每一条经丝数应为偶数，这样才可以方便地打上下绞。打绞一般由牵经的两人共同完成，牵上手的人打上绞，牵下手的人打下绞。再传给上手，通过掌扇的所有经丝在打完上下绞后一起进入经耙进行牵经，在起点处用绞线编平纹绞，终端处用2根绞杆对牵经条数进行计数，直到牵完为止。然后在起始处将经丝剪断，有平纹绞的一头扎在经耙上，另一头拉出，慢慢地卷绕到通经架上，准备进行通经。

通经是传统牵经必不可少的下一道工序，因手工牵下来的经丝成束地卷绕到通经架上，必须通过通经，使经丝按织物门幅的要求，均匀分布于经轴上才能织造。同时亦可解决经丝的滚绞、并搭、毛丝及长短线等现象。

一般将经丝分成10小把左右，均匀地扎在轴布上，施以一定的张力。先通第一根平纹软绞，接着通第一根平纹硬绞，再通第二根平纹软绞，通有1~2米时，将第二个平纹硬绞与通经筘一起往前移，一边将经丝卷绕到经轴上（图5-15）。如此往复，直至结束。开始上轴时，因丝条与轴布连接打成结子时，在接结处必然凸起，造成经丝张力的不匀。故开始时，就必须衬入一定张数的纸，把凹凸的丝条衬平。在卷绕时稳住定幅筘的位置，控制左右偏差，并在经轴的两端加

图5-15　通经

衬边纸,防止出现松边现象。

过糊

过糊,现在称"上浆"。如果精练过的经线不经加捻,在织造过程中就容易擦毛和断头。为了加强丝线的抱合力,古代便采用过糊的方法,即将浆液通过手工刷到经丝上。一种是将绞丝浸在浆液中,即绞丝上浆。浆液温度为常温,晚浸早取,并除去多余的浆液,使其蓬松、分开,再置于竹杆上晾干。但用此法丝线容易并搭,所以一般采用牵经印架过糊的方法,即轴经上浆,如图5-16所示。古代多在通经时进行过糊,较为方便。

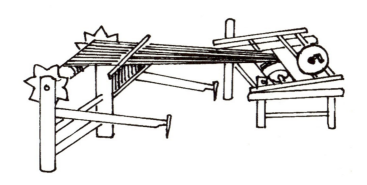

图5-16　印架过糊示意图

摇纡

摇纡,就是将篗子上的丝线卷绕到纡管上,再安装到梭子内进行纡纬织造。宋锦传统工艺所用的纡管为小竹管,如图5-17所示。梭子则为鸭嘴形尖头木梭,如图5-18所示。摇纡是在简单的小纺车上完成的,

图5-17　纡管

如图 5-19 所示。主要结构有锭子、绳轮和手柄。

图 5-18　梭子

图 5-19　摇纺

宋锦的装造和织造技艺

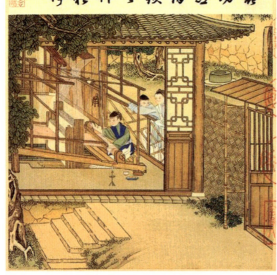

图 5-20　南宋《耕织图》

宋代已大大发展了汉唐以来的丝织工艺技巧，织造技艺已达到了不同类别的配套，并有了较完备的大花楼织机、小花楼织机和花罗织机，能巧妙地织出花色更丰富、工艺更复杂的各种结构的遍地锦纹，并总结出丝织品"以暑伏织为上，秋织者为下，冬织者尤为下"的经验。当时于潜令楼璹和钱塘人刘松年等先后绘制的《耕织图》(图 5-20)，便是南宋时蚕桑丝织生产发展的真实写照。

由于宋锦在织物组织结构上的创新和变革，它既不同于全部由经线显花的经锦，又不同于全部由纬线显花的纬锦，故而带来了它在装造和制织工艺上的变化和创新。

织机及主要部件

宋锦织机是相沿制织蜀锦的提花木机，即束综花楼织机。图 5-21 为四川省博物馆陈列的清代蜀锦机的照片。因当时生产苏州宋锦的手工牵花的花楼机已经失传，图 5-22 为作者根据《天工开物·乃服》所载的花楼机按宋锦织物的要求改制的宋锦花楼织机示意图。

图 5-21　清代蜀锦机

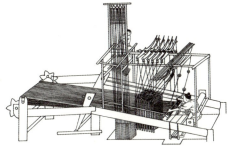

图 5-22　改制的宋锦花楼织机

图 5-22 表明：

（1）根据宋锦织物要求，宋锦织机需采用上下两个经轴织造。因宋锦有面经和底经两组经线，其原料粗细不同，组织不同，织造时缩织也就不同，必须分别采用两个经轴才能维持张力的平衡。其中面经放在上轴，地经放在下轴。

（2）宋锦织机具有一套束综花楼装置及综片起落装置。按照宋锦的组织结构和经线密度，一般采用 6 片综片（其中 3 片为"范"，另 3 片为"栈"）分别控制地经与面经。如果经线密度较高或地经组织不是三枚而是六枚,则可采用9片综片,其中6片综片(范子)控制地经,另外3片综片(栈子)控制面经。

综片和打综工艺

1. 综片

古代的综片俗称"范子"和"障子",又统称"范片",后又被写为"泛片"。凡是提升的综片称为"范";凡是下降的综片则称为"障子",专业语称"起综"和"压综"。传统手工宋锦的生产,需要分别使用"范"和"障"。综片由综片架(又称龙骨架)和综线构成。其中综线的材料为真丝线并合加捻制作而成。综线有粗有细,视织物的密度而定。

综线的密度则根据织物的经密、所用综片数的多少以及每个综圈中穿入经线的根数而定,综线的密度最大可达 24~25 根/厘米,一般控制在 19~23 根/厘米为宜。

综片的宽度根据织物的门幅而定,一般综幅略比织物筘幅大 1~1.5 厘米即可。

2. 打综

制作综片称为"打范片",即打综。打范片需要打范架子。按照设计的要求,确定用几片范,每片范分别需要多少个综,综门幅是多少。据此确定每片范各自的综丝密度,并确定综的上下高度和范片综线的条份。

打范架按上述数据调整框架尺寸,并紧固之。打范架由两根竖档与三根横档共五根木条组成,其横木条尺寸长 100 厘米左右、宽 4 厘米、厚 1.2 厘米;竖木条尺寸长 60 厘米左右、宽 4 厘米、厚 1.2

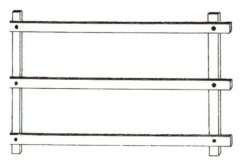

图 5-23 范子

厘米（图 5-23）。

竖档与横档连接处可用六角螺丝固定，系紧，用两条龙骨线就可以开始打范。龙骨线与横档平行，各置于横档与横档之间的平行中心线上。

打范时，由两个操作人员面对架框相对而坐，各自手握纡管，从龙骨线综门幅的一端开始打结和相互勾连。操作工分上手和下手，上、下手打范同步进行。上手主动将纡管穿入下手张开的半综中，直至打完所需的综数。在打范的过程中，应控制综密，要求所需综数正好能达到综门幅的另一端。为防止意外，再多打五六个综作机动补充，然后拆开架框，取出已经相互勾连好的上下半综整体，那么这片综片就完成了。

引纤工艺

引纤即制作纤线，如图 5-26 所示。纤线是用来提起经线的线。它上部连接甲子线，下部连接柱脚线，一般用线质较好的四股线为纤线材料，操作分引纤准备、引纤操作和锁龙骨拆交三步进行。

1. 引纤准备

先架上纤棍。两根撞杆分两边架在轴头和机身后档上，上纤棍横穿经下，架在撞杆上，然后用麻绳拴结上纤棍，再用小木棍撬紧。

拴千斤桩。千斤桩在冲天盖中间，用一竹棍撑顶扎稳，使引纤的拉力不能被冲天盖拉弯，以保持纤线的前后长短均齐，然后在撑顶位置的冲天盖上面拴千斤桩，桩头露出寸许以挂纤线，桩尾用粗绳拴紧，再用撬棍绞紧。

做柱脚盘。竹棍五根，拴成排，柱脚顺穿其上（图 5-24）。再将柱脚线顺序兜起，穿上蜡板，蜡板上再穿入一个通心管，纤线从管中通过。

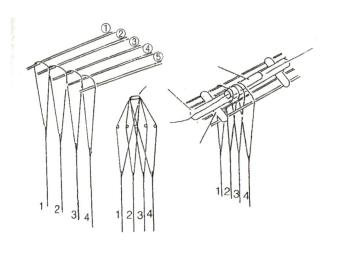

图 5-24 柱脚盘示意图

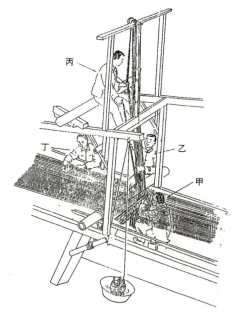

图 5-25 引纤操作示意图

2. 引纤操作

由四人合作进行。分工为：甲擢柱脚；乙抱丝；丙挂纤；丁分丝（图5-25）。引纤操作最重要的是，甲、乙、丙三人用手兜纤、传递时，纤线不能翻转，"活头"始终在一个方向，否则纤线就拆不出交。

3. 锁龙骨、拆交

锁龙骨。先用千斤筒替换千斤桩，使纤线排开。龙骨用手指粗的光滑硬竹制成，目的是将纤线一束束契在上面，成为纤的钢骨，以固定纤线并控制纤线的转动。纤线使用时每隔两三天就再用龙骨转动一次，歙纤线在兜经处和兜花处的摩擦点移位。龙骨数根据花则数而定。操作时纤线按龙骨数均分,从其中一份的中间锁起,右手捏住龙骨的一半,左手食指勾住一束纤线,从前往后套在龙骨竹上。然后,食指、拇指张开,伸进纤中向外翻转,形成套圈,套在龙骨上即可。左边顺序锁完后,就换手锁右边。龙骨全锁完后,拴"过街纤",把龙骨之间相连的纤线分开,接长1米左右,在龙骨两边套拴系紧。

拆交。引完的纤线上交,而无交的纤无法兜花本使用。拆交就是找出纤的交线。操作方法为:用两根交棒,一根从千斤筒下和纤口插入,一根从上纤棍的纤口插入,形成初交。然后,将上纤棍抽出。先拉一侧空浮的纤线,把纤线所兜柱脚线和另一侧的半边纤拉出来,分出口子,把一根粗绳双折起来从口子穿入到另一边。再拉另一侧的空浮线,在该侧再分出一个口子,然后取下一根交棒,随口子在经上穿入并上提。把经下的双折绳拉开,分出纤口,再将另一根交棒取下,也随口子从经上穿入,和上交一合,换成交线,就变成完整的纤交带了。

引纤完成后,就将花本中的脚子线与纤线对接,如图 5-26 所示,大花楼织机的纤线有制织整幅独花的优势,然而宋绵的花纹一般花幅较小,它可以用小花楼织机制织,但

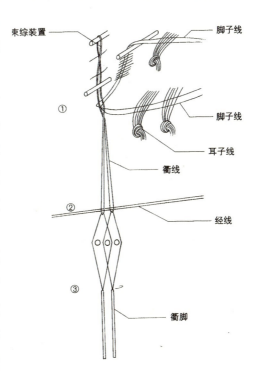

图 5-26 脚子线与纤线的对接示意图
(图中衢线即为纤线)

也可在大花楼织机上起两则、三则或四则花,这样在引纤时就采用叠纤的方法:即将纤线重叠在一起,兜花时一根花本脚线同时兜入两根或三根、四根,可谓"一兜二"、"一兜三"、"一兜四",以此类推。

穿综与起综工艺

图 5-27 为宋锦的穿综方法与顺序图。其中表明:每根地经既穿入每根束综内,又穿入六片范子内,面经只穿入三片障子内。

图 5-28 为起综方法与起综顺序图。

(1)采用 6 根脚踏杆,控制 9 片综片。其中一根脚踏杆同时连接 2 片范子,而障子则一根脚踏杆连接 1 片。

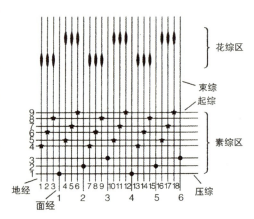

图 5-27 宋绵穿综示意图

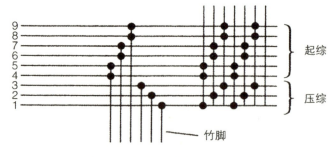

图 5-28 竹脚与综体连接示意图

(2)为减轻综片起落的重量,采用反面向上的方法织造,故控制地经的范子的提升顺序必须按织物的反面组织的交织顺序进行。但面经所起的花纹间丝组织,因是由障子控制,故障子的降落顺序仍按织物的正面组织顺序进行。

织造工艺

宋锦织造的操作方法与古代其他织锦提花方法一样,即由坐在花楼上的挽花工依据花本牵提衔线。东汉王逸的《织机赋》这样描述:"游鱼衔饵,瀺灂其陂。"下面织花工坐在机坑潭内,根据综片升降顺序,脚踏竹杆并拉筘打纬,可谓"一往一来,匪劳匪疲",这样上下呼应调度起综、投纬和打纬,真是脑、手、脚高度协调并用,不能有丝毫差错,可见,其织造技术是何等高超(图5-29)。

图5-29 宋锦织造情景

投纬抛道换色工艺

宋锦不但继承唐代纬锦的多重色纬显花的特点,而且发展成能应用抛道分段换色的工艺,达到纬线色彩种数远远超出纬线重数并跨越花纹循环的艺术高度。这是宋锦织物设计与工艺技术上的一大进步。它的巧妙在于既能降低成本,又不因增加纬线重数使织物过于厚重,且能使织物表面色彩丰富,变化无穷。这种抛道换色工艺俗称"活色"。该优秀传统活色技艺是宋锦技艺中的一大特色,在现代宋锦和其他织锦生产中仍被应用和发展。

现以明朝"盘绦四季花卉宋式锦"(图5-30)为例加以分析。

该织物为典型的应用"活色"工艺的宋锦织物,原件收藏于北京故宫博物院。作者曾有幸一睹原件的风采,对如此光彩夺目、精美绝伦的宋锦织物十分惊叹!但限于时间和条件,无法对实物进行详细和正确的分析,

图5-30 明·盘绦四季花卉宋式锦

现只能一面凭记忆,一面参照已发表的图片,作理论分析如下:

表 5-1　明·盘绦四季花卉宋式锦组织的理论分析表

纬线排列 纬色分段	甲纬 长抛	乙纬 长抛	丙纬 长抛	丁纬 短抛	戊纬 短抛	己纬 短抛	备注
1	黄	元	金	绛红	白	墨绿	六重锦
2	黄	元	金	泥金	深黄		五重锦
3	黄	元	金	果绿	米黄	西红	六重锦
4	黄	元	金	湖蓝	姜黄		五重锦
5	黄	元	金	驼色	深黄	上青	六重锦
6	黄	元	金	泥金	白		五重锦
7	黄	元	金	蓝灰	蓝灰	姜黄	六重锦
8	黄	元	金	泥金	姜黄		五重锦
9	黄	元	金	淡绿	蓝灰	绛红	六重锦
10	黄	元	金	蓝灰	深黄		五重锦
11	黄	元	金	果绿	白	蓝绿	六重锦
12	黄	元	金	泥金	姜黄		五重锦
13	黄	元	金	浅蓝	绛红	西红	六重锦
14	黄	元	金	蓝灰	深黄		五重锦
15	黄	元	金	淡绿	秋香	墨绿	六重锦
16	黄	元	金	泥金	白		五重锦
17	黄	元	金	果绿	姜黄	秋香	六重锦
18	黄	元	金	湖蓝	深黄		五重锦
19	黄	元	金	泥金	蓝灰	蓝绿	六重锦
20	黄	元	金	蓝灰	姜黄		五重锦

"盘绦四季花卉宋式锦"的组织仍以三枚经斜纹起地纹,三枚纬斜纹起花纹,纬线重数分别为五重和六重纬。其中三组纬线为长梭,即长抛,其中一组纬线为金银线;而另三组纬线则为短抛和特抛,即为分段换色的"活色"。经分析,其纬线排列和分段换色循环列表如下:

从表中看出,该织物共分 20 段换色。其中甲、乙、丙纬为长抛,始终不变,而丁、戊纬为短抛,己纬为特抛。其纬线排列分别为 1 甲 1 乙 1 丙 1 丁 1 戊 和 1 甲 1 乙 1 丙 1 丁 1 戊 1 己,即五重纬和六重纬分段间隔。共分 20 段 5 个花回换色后完成整个色循环。虽然每一花纹循环中只有两朵不同的主花,但经采用"活色"工艺后,便形成许多种不同色彩效果的花纹,真可谓丰富多彩,美不胜收。这种"活色"工艺,因为是手工抛道,可以一直不断地变换各种色线,要换多少色就可以换多少色,甚至整匹织物都可以逐花异色,没有色循环,达到十分奇妙的意境。

宋锦的纹制工艺

当代称纹制工艺,古代称挑花结本工艺。自从古代发明了大花楼织机,则相应地也就发明了挑花结本工艺,这是我们祖先对世界的一项伟大发明。

古代没有意匠纸,挑花结本是根据花纹图稿直接挑花的,即挑花匠根据画师设计的画稿,在画稿上打好分格线,工艺师按照织物的组织和密度计算好图稿每一分格所占的经纬线根数,然后按图稿逐一挑花,即编制脚子线和耳子线的交织程序而形成线制环形花本,如图5-31所示。

图5-31 按图稿挑花图[1]

---

[1] 该图由南京挑花世家张开诚提供。

清代卫杰在《蚕桑萃编》中,对挑花纹样的设计制作过程有较详细的记录:"取花样,须用五道纸张。第一道,自己想出时新者,画出为式。第二道,照式画好。第三道,择画工好样式并四镶安置玲珑者,套画一张。第四道,用底张粘放花样,大小合适。第五道,用薄亮细纸,将花样描画干净,然后打横顺格式,用铅粉调清凉水,使笔全抹一遍,为免纸光伤眼。用红绿洋膏子色,记明号码,方好挑取。"

到了近代,发明了意匠纸,挑花则可将画稿按经纬线密度画到意匠纸上,然后按图稿所占意匠格进行挑花。图5-32为中国丝绸织绣文物复制中心在复制宋锦时先画好意匠,然后再根据意匠纸进行挑花的情景。

图5-32　按意匠纸进行挑花

首次挑花完成的花本,俗称"祖本"。祖本的脚子线和耳子线一般都采用较细的丝线,体积较小,便于保存。织机上使用的花本,必须将祖本通过倒花或拼花转换为脚子线和耳子线较粗的行本,行本即可操作运行的花本。行本到机上再进行与牵线连接。具体步骤为:根据花本的大小,如该宋锦为一幅两花,则将牵线从中间平分为两份,然后分别伏在两个千斤鬲上。先将两个千斤鬲平行挂在织机横梁的两边,然后将花本的脚子线与牵线进行兜花。一根脚子线兜上两个千斤扁的各一根牵线,如图 5-33 所示。直至兜完所有的脚子线,再将脚子线的两端一一对结,形成线制环形花本,以便使花本可以在织机上连续循环使用。

图 5-33　宋锦牵花

第六章

匣锦与小锦的结构与制作技艺

匣锦与小锦均不同于正规宋锦,这在本书第三章中已有详述。但为了更好地传承匣锦与小锦制作技艺,作者将自己对其结构和工艺的分析研究作简明的阐述。

匣 锦

匣锦在宋锦中属于较为粗犷和亮丽的提花织物,它的风格与少数民族织锦相仿。(图6-1)

匣锦的组织结构

经线:采用精练双股色蚕丝。

纬线:甲纬(地纬)为真丝单股色丝。乙纬(纹纬)为棉纱。丙纬(纹纬)为真丝色绒。

基本组织为二重纬或三重纬之重纬组织。

其中,地组织表层为经线与甲纬交织成六枚经

图6-1 匣锦

面变化缎纹,背衬乙纬和丙纬纬浮。

花纹:表面分别为乙丙纬纬浮花,背衬六枚经缎。其中乙纬多为起细密几何形地纹花,丙纬为彩色抛花,如图6-2所示。

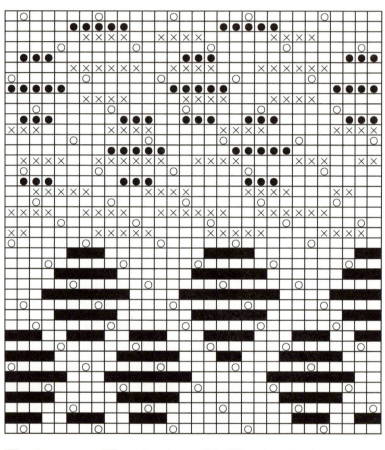

○:甲纬浮点　　×:乙纬浮点　　■ ●:分别为丙纬浮点

图6-2　匣锦组织图

匣锦的穿综方法

匣锦的织造采用束综提花和综片起落相结合,其经线既要穿入花综区,又要穿入素综区,采用6片综片控制地纹组织。为减少提综重力,采用反面向上制织,地纹之六枚缎纹用 6 片地综制织。花纹则由花楼束综控制,手工牵花和投梭。图 6-3 为匣锦的穿综方法和起综顺序图。其中 a 为穿综顺序图,b 为脚踏杆与综片连接图,c 为起综图。

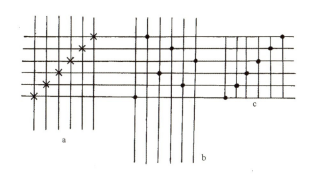

图 6-3　匣锦穿综与起综图

近代匣锦的生产则采用提花机 600 针小龙头电力机织造,花纹和地纹可全部用纹针控制,而不必采用起综装置。目板穿法为二段三飞。

匣锦的抛道换色工艺

以图 6-1 匣锦实物为例,经分析得出,其部分区域为二重纬,纬线排列为 1 甲 1 乙或 1 甲 1 丙;部分区域为三重纬,纬线排列为 1 甲 1 乙 1 丙。采用手工投纬和手工分段抛道换色。

纬色分段排列顺序见表 6-1。

匣锦的抛道换色原理和方法同重锦和细锦,这种"活色"传统技艺一直延续至今,在提花锦类织物中广泛应用。

表 6-1　纬色分段排列顺序表

分段	纬线排列	纬色 甲	纬色 乙	纬色 丙	纬重数
1	1甲1乙	黄	元		二重
2	1甲1丙	黄		翠绿	二重
3	1甲1乙	黄	元		二重
4	1甲1乙1丙	黄	元	蓝	三重
5	1甲1乙	黄	元		二重
6	1甲1丙	黄		红	二重
7	1甲1乙	黄	元		二重
8	1甲1乙1丙	黄	元	蓝	三重
9	1甲1乙	黄	元		二重
10	1甲1丙	黄		墨绿	二重
11	1甲1乙	黄	元		二重
12	1甲1乙1丙	黄	元	蟹青	三重

小　锦

小锦的组织结构

小锦系单经单纬织物，又以经线显花，其组织以缎纹、变化斜纹和小提花组织为多，如彩条锦、水浪锦等。但有时也采用两组经线与纬线交织，形成经纬共同显花，如"'万'字巾"。

现举"彩条锦"为例：经线采用粗条份的单股或双股土丝，染成各色丝线，常配以大红、白、青莲、玫红、绿、黄、蓝等七色条子，故称"彩条锦"（图6-4）。纬线为本色生丝。

彩条锦主要规格：

外幅66厘米，内幅65.4厘米；

筘号:9.5 羽/厘米;

穿入:2 根/羽;

经线组合:3/50/70D 色蚕丝;

纬线组合:1/28/30D 白厂丝;

内经线数:1 250 根;

边经线数:10×2 根;

总经线数:1 270 根;

经密:19 根/厘米;

纬密:17 根/厘米;

组织:六枚菱形经面斜纹或其他变化经面斜纹。

图 6-4　彩条锦

小锦的织造工艺

新中国成立前,该产品在手工老木机(手拉机)上织造,新中国成立后改用电力织机生产。彩色经线每条以 6 根为基础循环,相间排列牵在同一经轴上,采用一把梭子制织,由于纬密小,故产量较高。

该织物采用 6 片综片山形穿综,如图 6-5 所示。其中(a)为组织图,(b)为穿综图,(c)为纹板图。如果是传统工艺制作,则(c)即为脚踏杆控制综片的起落顺序图。

　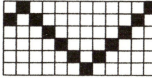　

(a) 组织图　　　　　(b) 穿综图　　　　　(c) 纹板图

图 6-5

小锦的前后处理

由于小锦的经纬密度很小,织物较轻薄,又是经线色绒显花,故在织造前经线必须进行上浆过糊,称为"前处理";成品下机后,因纬线采用不脱胶之生丝,手感较硬,经线又因上浆而缺乏光泽,所以还必须经过"砑光整理"的后处理,即采用石元宝磨绸,使其色光肥亮,手感柔软,便于应用(图6-6)。

图6-6 砑光整理[1]

---

[1] 图中为老工匠柏道元在丝绸博物馆内踹石元宝的情景。

第七章 独特的宋锦艺术风格

早期宋锦的艺术风格

从新疆阿拉尔出土的北宋锦袍分析,其袍料有"球路双鸟纹锦"、"球路双羊回纹锦"(图7-1)、"灵鹫对羊纹锦"、"重莲团花锦"(图7-2)等。其锦纹上的球路对鸟、双羊、双兽等均为唐代流行的"陵阳公样",构成式样和组织排列带有波斯图案的风格。此类纹样从题材到图案变化手法,也深受西亚和拜占庭艺术风格的影响。《唐六典》提到的"蕃客锦袍"、阎立本《步辇图》中的来使袍饰,都可在阿拉尔墓中的袍料中找到。可见北宋的织锦在内容和风格上仍继承着隋唐的传统风格。

图7-1　球路双羊回纹锦
(北宋,新疆维吾尔自治区博物馆藏)

图 7-2 重莲纹锦

(北宋,北京故宫博物院藏)

宋后期织锦风格的变革和创新

宋代中后期,其丝绸织锦的艺术风格并没有被唐代装饰性较强的图案风格所束缚,而且注入了富有时代特色的写生风格。当时的画院画风内容追求"诗情画意",形象刻画细腻生动,丝绸上不少花鸟形态十分写实。从福建福州黄昇墓、江苏金坛南宋周禹墓、苏州虎丘塔等地出土的不少丝绸匹料、袍料、残片以及部分宋锦传世品,均反映出了这种写实的风格(图 7-3、图 7-4、图 7-5、图 7-6)。

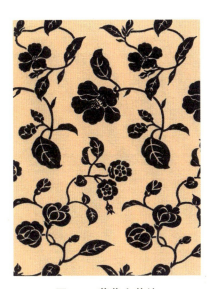

图 7-3 蔷薇山茶纹
（根据福建黄昇墓出土文物绘制）

图 7-4 写实花卉纹
（根据江苏金坛周禹墓出土文物绘制）

图 7-5 牡丹芙蓉纹
（根据福建黄昇墓出土文物绘制）

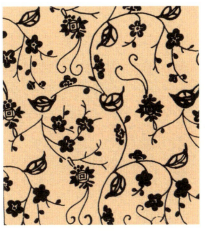

图 7-6 梅花彩球纹
（根据福建黄昇墓出土文物绘制）

据历代文献记载,宋代织锦在花纹和色彩上可以说是丰富多彩,名目繁多。董其昌撰《筠清轩秘录》卷下说:"宋之锦样,则有刻丝作楼阁者、刻丝作龙水者、刻丝作百花攒龙者、刻丝作龙凤者、紫金阶地者、紫大花者、五色簟文者(一名山和尚)、紫小滴珠方胜鸾鹊者、青绿簟文者(一名阇婆,一名蛇皮)、紫鸾鹊者(一等紫地紫鸾鹊,一等白地紫鸾鹊)、紫白花龙者、紫龟纹者、紫珠焰者、紫曲水者(一名落水流水)、紫阳荷花者、红霞云鸾者、黄霞云鸾者(一名绛霄)、青楼阁者(阁一作台)、青天落花者、紫滴珠龙团者、青樱桃者、皂方团白花者、褐方团白花者、方胜盘象者、球路者、衲者、柿红龟背者、樗蒲者、宜男者、宝照者、龟莲者、天下乐者、练鹊者、方胜练鹊者、绶带者、瑞草者、八花晕者、银钩晕者、细红花盘雕者、翠色狮子者、盘球者、水藻戏鱼者、红遍地杂花者、红遍地翔鸾者、红遍地芙蓉者、红七宝金龙者、倒仙牡丹者、白蛇龟纹者、黄地碧牡丹方胜者、皂木者。"《绫引首及记》里则有:"碧鸾者、白鸾者、皂鸾者、皂大花者、碧花者、薑芽者、云鸾者、樗蒲者、大花者、杂花盘雕者、涛头水波纹者、仙纹者、重莲者、双雁者、方旗者、龟子者、方縠纹者、枣花者、叠胜者、辽国白毛者、金国回纹花者、高丽白鹫者、花者……"其他如费著之《蜀锦谱》、陶宗仪之《辍耕录》、周密之《齐东野语》文献以及《宋史·舆服志》诸文献中,所记锦的花色还有:八达晕、云雁、真红、大窠狮子、双窠云雁、宜男百花、青绿瑞草云鹤、青绿如意牡丹、真红穿凤、真红雪花球、真红樱桃、真红水林檎、天马、聚八仙、宝照、灯笼、青红捻金等。宋代朝廷主持茶马贸易的"茶马司",还在四川特设锦坊,织造西北和西南少数民族喜爱的宜男百子锦、大缠枝青红被面锦、宝照锦、球路锦等作为茶马司交换的物资。

同时,根据宋代制度,每年必按品级分送"臣僚袄子锦",共计七等,给所有高级官吏,各有一定花纹。如翠毛、宜男、云雁、狮子、练雀、宝照大花锦、宝照中花锦等七种名目,另有倒仙、球路、柿红龟背、瑞子诸锦等。当时官宦巨室的穿着都是应时应景的花纹,"张贵妃又尝侍上元宴于端门,服所谓灯笼锦者〔1〕。上元灯节时服灯笼锦(图7-7、图7-8),其他四时节日服用的花样也都具备,"靖康初,京师织帛及妇人首饰衣服,皆备四时。如节物则春旛、灯球、竞渡、艾虎、云月之类;花则桃、杏、荷花、菊花、梅花,皆并为一景,谓之一年一景"。

其中在元宵节时穿着以灯笼为题材的服饰,织锦、刺绣、缂丝等各种制作手法应有尽有。这类题材一直流行至明清时期的袍服上,其中有"灯笼纹天下乐锦"、"五谷丰登灯笼纹锦"、"长寿乐灯笼纹锦"、"元宵节令灯美景刺绣圆补"、"缂丝八团灯笼锦袍"以及"江南织造臣七十四灯笼纹锦"等(图7-9、图7-10、图7-11、图7-12)。

图7-7　蓝地行笼纹锦
(清,清华大学美术院藏)

图7-8　元宵节令灯笼锦刺绣圆补
(明,私人收藏)

---

〔1〕《资治通鉴》卷159,胡三省注木棉。

图 7-9 青地五谷丰登灯笼织金缎
（明，北京故宫博物院藏）

图 7-10 灯笼纹锦
（明，私人收藏）

图 7-11 灯笼纹天下乐锦
（明，北京故宫博物院藏）

图 7-12 长寿字灯笼双色缎

另外，宋金时期，新疆兄弟民族回鹘人即擅长织金工艺，并向中原地区介绍了这种织造技术，故在宋锦中加金线以及衣服以金为饰的风气在当时大为流行，这样就使部分宋锦显得光彩夺目，富丽堂皇。如前文所讲到的故宫博物院收藏的"花卉盘绦纹宋式锦"就是加织金线的一种宋锦。

宋锦艺术风格的独特之处和名作介绍

宋锦的纹样

宋锦的纹样大多以满地规矩几何纹为特色，其造型繁复多变，构图纤巧秀美，色彩古朴典雅，与唐锦讲究雍容华贵形成了鲜明的对比。明清时宋锦的纹样以追摹宋代织锦的艺术格调为特色，但由于宋锦的品种类别不同，其使用功能各有侧重，故纹样形式和题材各有自己的特点。

第一类为挂轴、壁毯、卷轴等，专供宫廷陈设用，纯属装饰绘画型，因而内容多为佛像、经变故事画和花鸟画等。这类装饰宋锦制作精良，纹样写实，气魄宏伟。如乾隆时期的重锦"极乐世界图轴"（图7-13），高448厘米，宽196.5厘米。它以阿弥陀佛为中心，在佛光放射、祥云缭绕、宫殿巍峨、宝池树石、奇花

图7-13　西方极乐世界图轴局部
（清，北京故宫博物院藏）

异鸟的环境中,安排了278位神态各异的人物像,分成上段、中段和下段。上段织的是富丽庄严的殿宇,屋顶上放射出十道佛光,佛光上派生出28尊佛像,象征佛祖在天界化成千佛;中段织的是佛祖阿弥陀佛坐于正中,观音和势至两尊菩萨紧侍左右,周围围护着供奉菩萨、天王神将、罗汉众僧、歌伎乐师等;下段织的是九尊莲池,九位转生的人各跪于一朵莲花上,由于生前善恶不同,延伸成九品,上善都转生为佛。画幅边饰及上下裱首和绶带装饰均一气呵成。这幅图轴需要非常阔的织机,四五位工匠同时制织。纬共有十余把长短抛梭构成,色彩丰富,织纹细腻,整幅织物效果极其富丽堂皇,在图案风格、织物结构、制作工艺上,均表现了高超的艺术技巧,堪称稀世珍宝。

另外,重锦中的织成类铺垫、靠背和迎手等是根据宫殿中各式龙椅、宝座的实际尺寸设计的,其纹样风格与宫殿室内的环境、设施相协调,纹饰题材多为云龙、云蝠、夔龙、球路、缠枝宝相花及各种锦地开花等(图7-14)。

图7-14　藤凤菊枝

第二类为重锦或细锦的匹料,是宋锦中功能适应性较广的品种,可供珍品书画装裱、经卷裱封、幔帐、被面、垫面以及衣料等用。

其中,花卉题材的有:牡丹、莲花、菊花、茶花、梅花、桃花、芙蓉、松竹、宝相、蔓草、灵芝、玉兰、葵花及常青藤等;

动物题材的有:龙、夔龙、鸾凤、辟邪、狮子、麒麟、鹿、仙鹤、鱼、蜂、象、龟、蝙蝠、鸳鸯、孔雀、犀牛、飞雁等;

器物题材的有:象征"八吉祥"的法轮、海螺、宝伞、天盖、莲花、宝瓶、双鱼、百结等;象征"八宝"的有珠、古钱、方胜、如意、犀牛角、珊瑚、金(银)锭,还有万卷书、宝壶、灯笼等;象征"暗八仙"的有扇子、宝剑、葫芦、笛子、玉板、荷花、花篮、鱼鼓等;

气象题材的有:云纹(骨朵云、四合云、连云和流云)、水纹、冰纹、雪花纹等;

人物题材的有:婴戏图、百子图等。

图7-15 蓝色地福寿三多龟背锦
（清,北京故宫博物院藏）

图7-16 彩织曲水地鱼藻纹锦
（清,北京故宫博物院藏）

宋锦中应用较广的题材除花卉外,以几何纹样最多,其中最具特色的纹样是用几何网架构成的龟背、四达晕、六达晕、八达晕、天华纹、方棋格子及以圆形交切组成的球路纹和以圆形交叠组成的盘绦纹等。这类几何纹大都是以垂

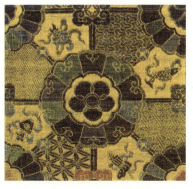

图7-17 八达晕锦

直线、水平线和对角线组成的米字格作骨架,在垂直方向和对角线交叉的中心点套以圆形和方形,再在圆形和方形或六边形和八边形范围内填绘各类题材的花纹和小几何纹。骨架线向上下左右及斜角八个方向相连的称八达晕,如图7-17所示;向六个方向相连的称六达晕,如图7-18所示;向四个方向相连的称四达晕,如图7-19所示。

图7-18　六达晕锦　　　　　　　图7-19　福寿全宝锦

这类几何纹样一般是用做满地排列的地纹花,既体现它本身的细腻、简练、均衡与和谐,又能衬托出绚丽富贵的主题花纹,同时还有利于掩盖宋锦质地上可能出现的瑕疵。它尤其适用于宋锦织物在大小不等面积上的装帧、装裱之用,故这类纹样在宋锦中应用颇多。

另外,值得一提的是,在几何纹样中,"万(卍)"字纹在宋锦中应用甚广,一般多用做地纹与其他纹样搭配使用(图7-20)。

在《红楼梦》一书中,对奇异的几何纹中的"万(卍)"字纹曾有描绘。书中有一段借茗烟之口对丫鬟"万儿"名字由来的解释:她母亲生

图 7-20 "卍"字地四合如意锦　　图 7-21 "卍"字不断头示意图
（明，私人收藏）

她的时节做梦得了一匹锦，上面是五色富贵不断头的"万（卍）"字花样，所以她的名字叫做"万儿"。"万（卍）"字纹原为古代一种符咒、护符或宗教标志，通常认为是释迦牟尼胸部所呈现的瑞相。这种花样据说是武则天钦定读作"万"，用做"万德吉祥"的标志。它可以连续组合，无限延续，有"万寿无疆"之意（图7-21）。曹雪芹从小生长在江宁丝织业的圈子里，耳濡目染，所以才会对这种"万（卍）"字纹印象深刻。《红楼梦》第四十回中"流云万福花样"，就是云纹、福字纹和"万（卍）"字纹的和谐配置。这类纹样不但多应用在宋锦织物上，在蜀锦、云锦和一些少数民族锦中也时有应用（图7-22、图7-23、图7-24），所以这是中国特有的传统几何纹。

图7-22　湖蓝地正"卍"字织金锦
（清，南京云锦研究所藏）

图7-23　龙纹格子锦
（清，北京故宫博物院藏）

近代，"卍"字似乎与代表法西斯的符号相混淆，一般认为法西斯符号为反方向的"卍"字。

然而，图7-25为民间收藏家李品德先生收藏的一件宋锦残片，作者借来分析、研究并复制，发现其纹样中既有方向向左的"卍"，又有方向向右的"卐"，说明古代宋锦纹样中两种方向的"万"字纹均有应用。至于德国法西斯符号，有可能借鉴了我国的传统纹样，我们不必去理会。

图7-24　蝴蝶团花纹锦
（清，北京故宫博物院藏）

图7-25　"卍"字如意牡丹锦
（民国，"卍"字纹宋锦，私人收藏）

历年来，通过以上各类题材的应用和变化，宋锦织物形成了与其他锦类织物不同的独特风格。

近代苏州织锦厂曾生产过的宋锦织物图案主要有以下各种名目：环藤双钱、棱角小龙、琴书八宝、龟背龙纹、双桃如意、海棠如意、金钱如意、沉香玛瑙、云方如意、定胜四方、环云龟菊、古钱百搭、玛瑙彩球、菱纹定胜、施轮如意、双狮、双鱼吉庆、回纹海棠、丹凤、龙凤八达、方格小龙、梅寿、藤凤菊枝、灵仙祝寿、四合如意、古钱如意、鸾璋、丹云龙凤八宝、白梭云福、万钱如意、福寿全宝、吉祥如意、云地小龙、花卉、狮凤、汉玉龙纹、云鹤、小鱼蝶、大菊、鸾凤、八角回龙、团龙凤、金玉如意、环藤莲花、书宝、金鱼、梅兰竹菊、春燕纹菊等（图7-26至图7-29）。

图7-26　环藤莲花宋锦

图7-27　八角回龙宋锦

图 7-28　春燕纹菊宋锦

图 7-29　龙凤团花格子锦

故宫博物院收藏的部分宋锦文物珍品,花色品种繁多,风格各异,图 7-30 至 7-41 为故宫博物院所提供的宋锦照片。其中大部分由苏州织造府生产。

图 7-30　豆青地万寿织金锦
（清，北京故宫博物院藏）

图 7-31　青地"卍"字串枝勾莲织金锦
（清，北京故宫博物院藏）

图 7-32　蓝地彩织天华锦
（清，北京故宫博物院藏）

图 7-33 湖色底花卉锦
(清,北京故宫博物院藏)

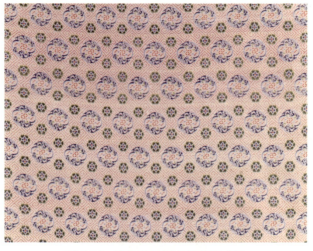

图 7-34 藕荷色地福在眼前宋式锦
(清,北京故宫博物院藏)

图 7-35　浅驼色地鹤鹿同春柿蒂纹锦
（清，北京故宫博物院藏）

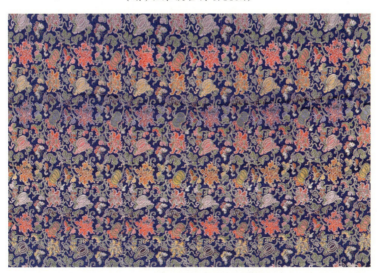

图 7-36　蓝地彩织瓜蝶绵绵锦
（清，北京故宫博物院藏）

图 7-37 月白地曲水团龙凤花卉锦
(清,北京故宫博物院藏)

图 7-38 红地方棋朵花四合如意天华锦
(清,北京故宫博物院藏)

图 7-39　粉红地双狮球路锦
（清，北京故宫博物院藏）

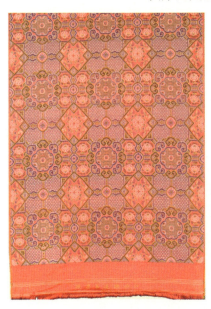

图 7-40　红色地如意天华锦
（清，北京故宫博物院藏）

图 7-41　石青地盘绦朵莲菊织金锦
（清，北京故宫博物院藏）

宋锦的配色

宋锦的配色系根据宋锦中不同的品种类别,因其用途不同而各有特色。重锦大都为多彩加金的织锦,地纹花的配色方法有两种:一是同类色的明度变化,即由深逐渐至浅或由浅逐渐至深,加以褪晕;二是不同色相不同深浅的配置。常见的配色方法有:大红、粉红配水粉;深蓝、月白配玉色;葵黄、香色配米黄;青、深蓝配宝蓝;驼色、浅驼色配驼灰;绛色、肉红配明黄;橘黄、鹅黄配米黄;茄皮紫、雪灰配玉色;墨绿、果绿配黄绿;并多以白色、黄色和金色等作勾边线,然后再用对比色突出主题花。

细锦的配色与重锦类似,但一般纬线不加扁金线或捻金线,往往采用长抛与短抛相结合,即将其中一组纬线或两组纬线用彩抛,以使色彩丰富,如纹样是四朵主花,色彩以五色轮换,即彩抛轮转,就形成了二十种不同色彩的花朵。如前文所述,这种配色方法传统称之为"活色",现代称"彩抛"。

例如,"艾绿地八达晕纹锦",其地经为艾绿色,纬线配以艾绿色、宝蓝、杏黄,彩抛为淡黄、橘黄、青色,如图7-42所示。"龟背龙纹锦"其地经为香黄色,纬线为青、深秋香、淡黄,如图7-43所示。"八宝天华锦"其地经为土黄色,纬线为青、淡黄,彩抛为果绿、驼色、绛色,如图7-44所示。

图7-42　艾绿地八达晕纹锦

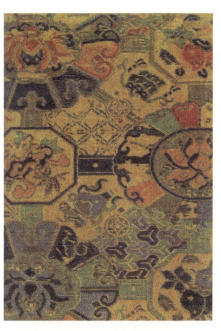

图 7-43　龟背龙纹宋锦　　　　图 7-44　八宝天华锦

又如宋代流行的"落花流水锦"（图 7-45），纹样简洁，线条流畅，色彩一改唐代的鲜明艳丽，而是以深浅不同的褐色、茶色、绿色和黄色等淡雅柔和的色彩，显示出浓浓的文人气息，体现了北宋重文轻武，南宋柔靡偏安的士大夫的审美趣味。

以上说明，宋锦中不论重锦还是细锦，作者经研究总结发现其配色的基本规律为：

其一是地纬色必须与经色相似，即同类色相配，使地纹清纯，不

图 7-45　落花流水锦

至于"露地"[1];

其二是调和色相相配,即注意各色纯度和明度的统一和谐,达到灰而不闷,艳而不俗,常以明黄、泥金、米黄、香色、蓝灰为主色调;

其三是对比色相配,一般以鲜明的红、青、绿、橘黄等彩抛色显现主花,在和谐中略有跳动,形成宫廷和书画装饰品的典雅而古朴的格调,又有画龙点睛的效果。

在综合分析历代宋锦的图片和实物资料后,另外发现宋锦的配色主要以青、黄、白、红、黑五种色调为主体,其中尤以黄色调占大多数,这五种主色调似乎正符合中国古代的"五行"学说。

五行者,金、木、水、火、土也,据说起源于黄帝时代或夏商两朝。《尚书·洪范》中讲的五行为:一曰水,二曰火,三曰木,四曰金,五曰土。水曰润下,火曰炎上,木曰曲直,金曰从革,土曰稼穑。这是历来人们引用最多的。古人认为,五行是构成宇宙万物的五大基本要素。

而在中国丝绸的色彩配置上,明显受到阴阳五行学说的影响。《礼记·大传》中曾写道:"圣人南面而治天下,必自人道始矣。立权度量,考文章,改正朔,易服色,殊徽号,异器械,别衣服,此其所得与民变革者也。"司马迁在《史记·历书》中更是宣扬:"王者易姓受命,必慎始初,改正朔,易服色。"古代统治者又由五行理论推导出"五方"、"五色"等理论,认为青、赤、黄、白、黑这五种颜色分别代表木、火、土、金、水五行,故认为秦灭六国,是获水得,因而色尚黑。而黄色正代表构成万物的基础元素——土,青、赤、黄、白、黑又分别象征东、南、中、西、北五方,其黄色正好象征中央,也就理所当然地成了代表华夏的正色。宋人王楙在《野客丛书》中写道:"唐高祖武德初,用隋制,天子常服黄袍,遂禁士庶不得服,而服有禁自此始。"所以从唐朝开始,延续至宋、元、明、清,直到清朝灭亡为止,黄色始终是皇权的象征。

---

[1] 指织物地纹上露出不同色线的交织点。

历代宋锦虽然并不完全用于制作皇袍,但当时多数用于皇亲国戚、宫廷贵族等的服饰和家居装饰,以及皇家的装潢装裱,故也均是黄色调为主,以显示其高贵、庄重、典雅。如北宋的"灵鹫纹宋锦袍服"(图7-46),以及图7-47至图7-50等一系列宋锦织物中,其配色无不运用了黄色或黄色系列,这也可以说是宋锦配色的特点之一。

图7-46　灵鹫球路纹锦袍面料

图7-47　蝴蝶"万"字团花纹锦
（清,北京故宫博物院藏）

图 7-48　杏黄地曲水彩织连环花卉锦
（清，北京故宫博物院藏）

图 7-49　杏黄地彩织四合如意锦
（清，北京故宫博物院藏）

图 7-50　黄地彩色折枝花卉锦
（清，北京故宫博物院藏）

匣锦的配色

匣锦,由于结构和用途的不同,故色彩运用少于细锦,更比不上重锦。然而匣锦的配色很鲜艳,对比强烈,其地色常用金黄色,纬线用一把地纬为金黄色起地纹,一把纹纬为黑色起地纹花,另一把纹纬为彩抛,即大红、翠绿、孔雀蓝等,效果十分光彩夺目,如前图7-20所示。

小锦的配色

小锦的品种有两类风格,配色的格调各不相同,根据需要而定。一类是彩条锦(月华锦),采用红、橙、黄、绿、青、蓝、紫等七色彩条,犹如彩虹,十分美丽,如前图6-4所示。另一类为双色锦("卍"字锦、水浪锦等),采用不同色相的深浅两色搭配,一般有黑白相间或紫橙相间等,如图7-51、图7-52所示。

图7-51 水浪锦

图7-52 "卍"字锦

第八章

传统宋锦的产销

宋锦的生产及经营

宋代的官府生产,在内侍省设有生产织锦的造作所,专门生产宫中和皇室婚娶、寿庆等所用的高级产品,在洛阳、真州、定州、青州、益州等均设有各种绫锦院。宋元丰六年(1083),成都转运司亦扩充了锦院。南宋时在苏州、杭州也都设有锦院。

元至正年间(1341—1367),苏州设"织造局"。明清两代,苏州的官府织造逐步发展,宋锦工艺相沿不衰,但在颜色和图案方面有较多限制。据《元典章》卷五十八载,元代对织物曾定出许多禁律,如颜色方面,不许民间使用柳芳绿、红白闪色、鸡冠紫、迎霜白、胭脂红等色;图案方面,禁用龙、凤、日、月等纹样;规格方面,更是规定纰、薄、窄、短的产品不予过印,不准在市上售卖。到元末明初,由于战争破坏,苏州的宋锦业一度衰微。

明洪熙、宣德年间(1425—1449),苏州宋锦有所恢复。据康熙《长洲县志》载:"蜀锦名天下,而吴中所织,海马、云鹤、宝相花、方胜之类,五色炫耀,在巧尤胜。明宣德年间尝织昼锦堂记,或织词曲,联为帷帐。又有紫白落花流水,充装潢卷册之用。"明代织锦应用范围已从内府上用扩大到官用,宋锦的图案也空前发展,有龙凤、翎毛、花卉、人物、云纹等。还能将写生花卉修饰连接,成为缠枝莲花、穿枝牡丹等,以花鸟相互配合的优秀纹样设计应用到宋锦织物上,在加强效果方面,展示了工艺新面貌。苏州宋锦到成化、弘治年间(1465—1505)进入繁盛时期。

明代著名的民间文学家冯梦龙有诗云：

东风二月暖洋洋，江南处处蚕桑忙。
蚕欲温和桑欲干，明如良玉发奇光。
缫成万缕千丝长，大筐小筐随络床。
美人抽绎沾唾香，一经一纬机杼张。
唧唧轧轧谐宫商，花开锦簇成匹量。
莫忧八口无餐粮，朝来镇上添远商。

冯梦龙还在《醒世恒言》中的《施润泽滩阙逢友》一篇中，记述了这样一个故事：吴江盛泽一个名叫施复的人，本是一个"家中开张织机，每年养几筐蚕儿，妻织夫络"的"小户儿"，"本钱少"，"织得三四尺，便去市上出脱"。但由于他蚕养得"并无一个绵茧"，缫出的丝"细圆匀紧，洁净光莹"，织的绸"看时光泽润润"，商人们都"增价竞买"。"因有这些顺溜，几年间，就增上三四张绸机，家中颇饶裕。里中遂庆个号儿叫做施润泽"。不久，又由于"蚕丝利息比往年更多几倍，欲要又添张机儿，怎奈家中窄隘，摆不下机床"，便将"因蚕事不利"的"间壁邻家住着两间小房"买下"铺设机床"。以后继续"昼夜营运。不上十年，就长有数千金家事。又买了左近一所大房居住，开起三四十张绸机，又讨几房家人小厮，把个家业收拾得十分完美"，最后成为"冠于一镇"的富户。"盛泽"的镇名也许就源于此。施润泽的发迹，可以说是苏州丝织业从家庭手工业发展为资本主义工场手工业的一个缩影。

苏州丝绸生产在明代以前，大体上以农副业和家庭手工业、小商品生产为主。随着商品经济的发展，从明代初期开始，出现了商业资本投资于生产事业，把分散的小商品生产组织起来的迹象。到明末清初，产生了新的生产关系的萌芽。

清初苏州织造局规模扩大，织造上用、官用的差货增多，其中以宋锦最为著名，织造技术、图案花色均有所发展。顺治三年（1646）督理苏杭织造的陈有明,"佥报苏、松、常三府巨室充当户机",苏州织染局开始了生产。所谓"佥报",就是派充。按照所派充的"绅袍巨室"的不同地区,分设在苏州、常州、松江三个织造堂,编列为二十三号,额设花素机 450 张,工匠 1 160 名;织染局编列为十九号,额设花素机 400 张,工匠 1 170 名。织造局按照派充"机户"的财富资力大小,分别派定机数,然后分派其承包织造的任务,并按官价发给预定织造的银两,规定期限。被派充的机户购置原料,以工价向民间雇匠织造,并将产品解送进京。织造局设置各种管理和吏员:"设所官三员,专司点匦;管事十一名,分头料理;管工十二人,催攒工程;高手十二人,指导织挽。"针对集中生产、分散经营的特点,采取"分别责成"制即责任制。对于派充的管事机户、染作和织匠,分别规定各自在生产上应负的责任:"如经纬不细净,缺乏料作,致误织挽,责在管事机户;颜色不鲜明,责在染坊;织造稀松,丈尺短少,错配颜色,责在织匠。"并规定了织挽期限和赏罚办法:"酌量蟒段、妆花、织金、抹绒、平花等段,定以期限,给以工票,责令依限交纳。"并且"逐机查验,织挽精美者,立赏银牌一面。造作不堪者,责治示惩"。对于"管事机户、织匠等役",免以差徭。故清代生产的每匹绸缎在等机头均有"苏州织造臣×××"的迹织,如"绿地罩纹锦"、"黄地织锭万字锦"等机头均有"苏州织造臣文通"、"苏州织造臣毓秀"、"苏州织造臣荣廷"等字样,如图 8-1、图 8-2 所示。这说明当时职责分明,责任到人,质量管理严明。

图 8-1　苏州织造局的产品

图 8-2　苏州织造局标志

当时苏州织造局内的生产过程,分工细致,从原料到成品,从摇纺丝经、牵经打线到织挽,整个工序都是建立在分工协作的基础上,具备了手工工场的组织形式,反映出社会生产高度发展的水平。

在苏州织造局生产的上用织物中,宋锦匹料为其中主要的一类,可以想见,当时生产宋锦同样要求严,质量精。现故宫博物院收藏的"黄地宝相花纹重锦"、"加金缠枝花卉天华锦"、"姣蓝地金佛手石榴莲蓬宋锦"以及前文所述的驰名全国的"极乐世界图轴"等实物,都是清代苏州织造局织造的苏州宋锦之精品。

故康熙、乾隆年间的苏州宋锦业出现过全盛时期。当时宋锦除官府生产外,苏州丝织业由三部分组成,即"丝账房"、"机户"和"机匠"(到晚清俗称"大叔"、"二叔"和"三叔")。

"丝账房"即"大叔",开设纱缎庄(苏州过去称丝织业为纱缎业),他们一般不拥有织机,其主要经营方式是"放料取货,以货出售",即把染好色的经丝和纬线等原料,以及机内脏[1]发给机户或家庭手工业者加工织制缎匹。织成之后,交货与"丝账房",随时清算工料,然后将这种加工后的货匹"待价而沽",从中牟利。据《吴县志》记载,当时全城有这样的"丝账房"57家,多数开设在阊邱坊、古市巷一带,其中最大的要数杭庆余、李鸿兴等户,都要放到两三百台机的货色。"丝账房"里有职员20人左右,专事原料发放和成品验收。由此可见商业资本渗入生产领域已有相当的深度和广度。

"丝账房"除采取放料方式外,也有"自行设机督织"与经营的。据清代徐扬所绘《盛世滋生图》(即《姑苏繁华图》),其中绘有丝绸店铺14家,在阊胥地段画面上,可以看出一家两层楼房五间门面,似为前店后坊的"丝账房"(如图8-3)。可以想见,当时的"丝账房"其经营规模之大和资本之雄厚。有的市招上还清楚地写着"本店自制苏杭绸

---

〔1〕 指机架子内用于织机装造的全部应用零件。

缎纱罗锦梭布发客"、"自造八金丝纱缎"、"选置内造八丝贡缎,汉府八丝,上贡绸缎"等字样。像这样明确标明"自制"和"选置内造"的共有三家。这种产销相联的店家,很可能就是"自行设机督造"的"丝账房"了。他们已从通过商业经营转为在生产领域里对小生产者进行直接的管辖。

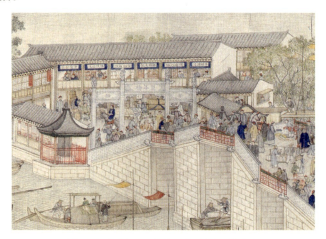

图8-3 《盛世滋生图》上的"丝账房"

"机户"即"二叔",一般指家里备有木机的手工业主。有代加工和自产自销两种,前者称"带织机户",后者称"现卖机户"。据《永禁纱缎机匠叫歇帮行碑》记载,"机户类多雇人工织",即多数机户是雇佣工人的手工业主。随着商业经济的发展,"机户"是在不断变化的,有的因竞争失败而衰落,有的因资本积累而发展形成规模较大的工场手工业主。《醒世恒言》描写的施复(施润泽)应属于发迹的"机户"。

"机匠"即"三叔",是出卖劳动力的织机工人,计工受值,"皆自食其力之良民也"。他们和"机户"的关系是:"机户"出资,"机工出力",即劳资雇佣关系。在"丝账房"的剥削下,"机匠"的劳动繁重,正如陈铎《机工谣》所描绘的:

双臀坐不安,

二脚蹬不直,

半身入地牢,

间口尝荤饭,

逢节暂松闲,

折耗要赔还,

络纬常通夜,

抛梭直到晚。

加之当时绸缎生产有五荒、六闲、七死、八活、九金、十银、穷十二的季节性,丝织工人的经济生活,常常要受这种淡季、旺季的影响而动荡不定。

除了被"机户"常年雇佣的"机匠"外,还有大量没有固定工作的工人,他们每天早晨都要在一个集中的地点,即招雇临时劳动力的市场,等待工场主"叫找"(即雇佣),又叫做"待唤"。据清代顾震涛《吴门表隐》和乾隆《元和县志》记载,当时织花锦的工人常聚在临顿路花桥,素缎工人常待在皮市街金狮子桥,纺丝的机匠则立在濂溪坊。他们百十成群地站在桥堍附近,伸长脖子,东张西望,等待工场主"叫找",名为"立桥"(图8-4)。

图8-4 "立桥"场景

图 8-5　苏州街坊桥

"立桥"的人往往都在天蒙蒙亮的时候,就赶到桥头去了,不管风霜雨雪,严冬盛夏,天天如此。通常要等到人家吃过早饭,看看已是开工做生活辰光,估计这天再也不会有人来"叫找"了,这才撑着饿瘪的肚皮,垂头丧气地走回家去。从"丝帐房"、"机户"、"机匠"和"叫找"、"机匠"的出现,可见当时已有基本上摆脱了封建依附关系,能自由出卖个人劳动力的雇佣劳动者,与此同时也产生了掌握生产资料,占有场房、机器和原料,雇佣工人的工场作坊主。这正是资本主义生产关系萌芽的主要标志。

可是到嘉庆后宋锦业开始渐渐趋向下坡。经过太平天国时期的社会动乱,苏州已很少生产衣料锦、陈设锦,品种渐渐湮没。以后所说宋锦,只单指装裱用锦,一直沿袭至今。

道光年间,苏州建立云锦公所,包括织造纱、缎、绒、锦行业。光绪四年(1878)立于云锦公所机房殿先机道院内的《元、长、吴三县禁革宋锦机业人等设立行头名目碑》刻的是三县政府禁止宋锦业建立行头的文书,这里提到了同治年间的沈友山、王承德、孙洪、戴梅亭、吕锦山、朱沛和等八户,光绪年间的宁锦山、任锦山、王仁忠等七户。这些仅是涉及诉讼的有关者,当时机户定不止这个数字。

稍后有孙万顺、徐隆茂、周万和、陆万昌等户,织机从10台到30台不等。宣统二年(1910),徐万泰的"四字锦",陆万昌的"十方仿宋锦",参加南京举办的南洋劝业会展出,获得金牌奖。该奖牌至今尚保存在陆万昌宋锦作业主、陆子玉之子陆鸿生处。

1927年前后,宋锦开机约有200台,自1912年至1937年间,苏州宋锦前后参加国内举办的各种展览共10次,分别获得各等奖共10个。1923年,陆万昌出品的古锦"天元锦"、"十方锦",曾在美国纽约举办的国际丝绸博览会展出。

抗日期间,生产萧条。40年代时,由于日本市场需要,生产曾一度活跃。抗战胜利后,宋锦业的处境每况愈下,仅有机户不足10家,开机仅20台左右。行业人员大多改行谋生。即便是开机之户,也边织边做小贩度日,现做现卖。产品大多卖给绫缎庄。绫缎庄是批发商,由它再卖给客户。也有个别直接售给零售商店,如陆万昌的锦卖给北京荣宝斋,严斌宣的锦卖给北京正源兴洪齐同等。

新中国成立后,1950年统计:宋锦业有严斌记、周泳记、余炳记等6户24人,30多台木机。这6户当年组成联合办事处,实行联购联销。1952年产值为9 414元。1954年联合办事处参加人员扩大到13户,29人,产值29 575元。1955年联合办事处及其他机户共16户,组成宋锦供销生产小组,实行分散生产,统一经营,负责人严斌宣。1956年,小组转为生产合作社,同时吸收了一批汰渍、蜡线、打翻头线[1]、牵经、染色、造机、接头、纹工、踏石元宝等的专业技工,共有社员106人,严斌宣被推荐为理事主任,社址设在狮林寺巷25号,从分散生产改为集

---

[1] 翻头线即为综线。

中生产,设两个车间,拥有大锦机 16 台,小锦机 18 台,均系木机。

1958 年,该社曾与丝织工艺生产社合并,改称为"宋锦漳缎厂",设宋锦、花绒、电机三个车间,自设纹工,自行设计图案和花板制造,部分改变手工业生产为机械生产。1966 年,宋锦厂改名朝阳丝织厂,至 1979 年又改称苏州织锦厂。

1972 年,宋锦生产有了明显发展,产量达 1.16 万米,比 1969 年增加了两倍,同时新建厂房,更换部分设备,外销产品由江苏外贸公司收购。

1979 年,织锦厂生产的"钟山牌"(64710)宋锦,被苏州市纺工局定为"质量信得过产品"。1981 年,该产品获江苏省工艺美术品百花奖。

宋锦的用途和销售

宋锦的用途

由于宋锦的质地较其他锦轻薄和精细,其图案风格又丰富多变,故纵观历史,宋锦的用途是十分广泛的。它既有欣赏锦、衣着锦,又有用于室内陈设的装饰锦,更有用于书画、锦匣等的装裱锦。

现故宫博物院收藏的宋锦精品,亦是用途各异。如北宋的"灵鹫纹袍服",就是用宋锦制作的锦袍,如图 8-6 所示。有根据织物成品的形态、尺寸和用途专门设计适合的图案加以制作的织成锦,如挂轴、卷轴、围幔、铺垫、靠垫、迎手

图 8-6　灵鹫球路纹锦袍

等。像前面讲到的"极乐世界图轴"就是挂轴的一种。

有的宋锦已裁成衣服,如"沉香地菱草重莲纹锦"开氅、"绿地夔龙龟背锦"裙子、"粉地玉堂富贵锦"女披等;有的宋锦尚是整匹及段料存放;更多的宋锦用于佛经、书画和锦匣等的装潢、装帧(图8-7至图8-13)。

随着当代人们物质文化生活的演变和发展,宋锦的用途尚可进一步开发、扩展和创新,如用作靠垫、壁毯、壁挂、服饰、床旗、抱枕、桌旗、领带、手提包等。

图8-7　书画装帧

图8-8　画屏装帧

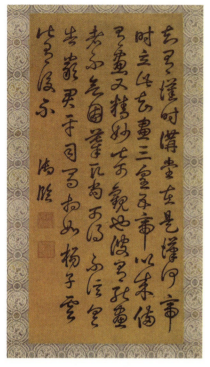
图 8-9　条幅装帧

图 8-10　书籍装帧

图 8-11　宋锦桌旗

图 8-12　宋锦床旗和抱枕

图 8-13　宋锦坐垫

宋锦的销售

以苏州地区为例,苏州宋锦历史上以供应宫廷官用为主,由官府织造衙门经管,并发交承办差货的机户织造,然后结算工资。明清以后,民间机业较快发展为手工业工场,并有专门商号经营丝织品购销业务,如明代有绫锦庄,清代有纱缎庄、纱缎经纪铺户(牙行)等,也有少数机户自行销售的。营业渐趋繁盛,宋锦产品亦是苏州热销产品之一。据丝织业历史调查资料:光绪年间(1875—1908)宋锦被褥一套卖价为7.5两银子,民国初涨到11~14两银子。1937年裱画用的宋锦每匹(长2.4丈,宽2.2尺)售价为银元27元。同时来苏州采办宋锦的庄号主要是北京正源兴和天津瑞蚨祥,在茶会上通过中间人(捎客)交易时,佣金达2%。也有直接订货的,如北京荣宝斋、上海王恒昌等书画庄。部分小机户的宋锦,则由阊门一带绫锦行庄,如沈正和、庆泰、庆丰等收购。新中国成立前,宋锦的主要销售对象是北京、天津、上海和苏州本地的书画庄和绫锦庄。

新中国成立后,自1950年宋锦业联营以来,产品均由丝绸公司统一收购。大锦类产品销往天津、北京、上海、汉口等地,小锦类产品销往济南、上海、武汉等地。1958年后传统丝织产品,包括宋锦在内,均由国家统一收购。至1965年经上级批准,对宋锦、绫子等丝织工业产品实行自销。1973年起东吴丝织厂所织宋锦和阔宋锦,均由外贸公司统一制作装潢锦盒等随工艺品出口。苏州织锦厂所织宋锦产品,自1980年起亦大部分外销。1981年10月起,在玄妙观苏州工艺美术品商场设立专柜,销售宋锦、花绫、靠垫、被面等。

第九章

近代宋锦的变革

第一次世界大战结束后,世界科技出现新的发展。在纺织纤维材料中,除天然纤维外,世界市场出现了一种人造化学纤维,俗称"人造丝"。于是人造丝织品输入中国市场且数量逐年增加(1919年输入人造丝布匹值银十八万三千四百余两,至1924年已激增至一百五六十万两),而中国的真丝绸在国际市场上不仅要与人造丝竞争,还要和国外的毛织品及其他面料激烈竞争。当时在半殖民地半封建的历史条件下,国家不能独立,海关丧失保护民族工业的职能,市场又受到国外产品的巨大冲击,所以中国的丝织业只好被迫改革生产设备,仿制并开发新产品,以此进行抗争,同时也促进了我国丝绸科技的进步。

织物结构的变革

传统宋锦在材质使用上,全部由桑蚕丝构成,即为全真丝宋锦,光泽较为柔和,耐磨性较好,显得十分高贵。而近现代的宋锦,由于人造丝输入后,价格远低于蚕丝,且光泽较蚕丝更为亮丽,故宋锦便改为蚕丝与人造丝交织,即经向仍采用桑蚕丝,纬向采用人造丝,称为交织宋锦。在织物组织结构上,虽然基本组织没有变化,但经纬密度大为减少,使织物较为稀松和轻薄。

同时为了便于生产,在结构上变得较为简单,将传统宋锦中的面经去掉,纬丝的接结就应用同一种经线交织,这样虽然花纹的光亮度和丰满度稍为逊色,但既降低成本,又便于生产,何乐而不为呢?所以新中国成立后有些工厂生产的宋锦大都为没有面经的交织宋锦和化纤宋锦,如图9-1、图9-2所示。

图9-1　交织宋锦

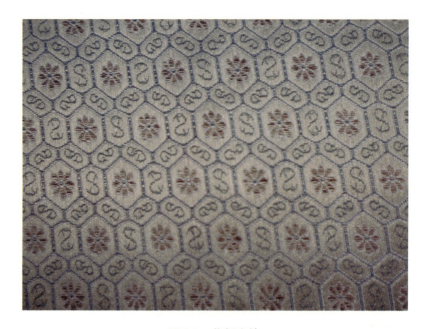

图9-2　化纤宋锦

生产工艺的变革

传统宋锦的生产工艺在前文已述,宋锦的生产从丝线加工、挑花结本到上机织造全部由手工完成。自英国产业革命后,西方率先迈出了工业化的步伐。当时帝国主义的经济侵略破坏了中国的城市手工业和农民家庭手工业,但同时也输入了新式机具和先进的生产方式,在客观上刺激着像苏州丝织业这样有着悠久历史的传统手工业,使之产生了丝绸机械工业,促进了手工业在设备上的改革和进步。

自辛亥革命后,宋锦生产产生了一系列的变化:

1. 纹制技术的变革

宋锦织物的纹制工艺,原为手工挑花结本,即由画师画好图稿,根据所用丝线的粗细和密度计算出图稿每一部分所含的经纬线数,再编制脚子线和耳子线的交织程序而形成线制环形花本。近代至今,宋锦织物因应用电力机生产,纹制工艺改进为由设计师画好画稿(亦称纹样),然后由画意匠者按照图稿和经纬线密度画在意匠

图 9-3　意匠片断

纸上,再由踏花者根据意匠纸上的色彩符号以及提花机的纹板样卡进行轧孔,最后串联每一梭每块纸板而形成纸板花本。图 9-3 所示为苏州东吴丝织厂生产的 270001 宋锦的意匠片断,图 9-4 为近代使用的踏花机的照片。

表 9-1　轧孔表

纬线＼设色	甲经 白地	甲经 红	甲经 黄	甲经 绿	乙经 综片 三片
甲	三枚斜 踏1空2	踏1 空2	○	踏1 空2	踏1 空2
乙	×	○	×	×	同上
丙	×	×	×	○	同上

2. 织造技术的变革

织造的前准备,原来手工调丝、并丝、牵经、摇纡等生产工具在民国后基本都改进为机械操作,即引进了络丝机、并丝机、捻丝机、整经机和摇纡机等。到 1915 年后,江浙一带的丝织厂主开始从欧美、日本等国引进电力丝织机,使得丝织产品的产量和质量大大提高。提花机装置也由原来的花楼手工牵花改为采用法国进口的新式提花笼头(图 9-5)。这是在 18 世纪由法国人伽卡特(I. M. Jacquard)参照中国花

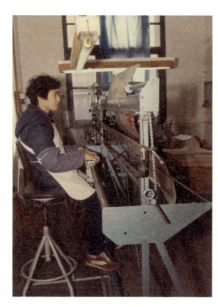

图 9-4　近代踏花机

图 9-5　新式提花笼头

楼机的原理研制而成的。新式提花笼头的结构和提花原理为由其中的竖针控制经线的升降,由横针联系纹板的花纹信息从而决定竖针的起落顺序。如纹板上踏孔"○"者为横针穿过,带动竖针提升经线;纹板上无孔者,则撞击横针,使竖针脱离不断升降的刀箱上的刀片,而不予提升经线(图9-6)。

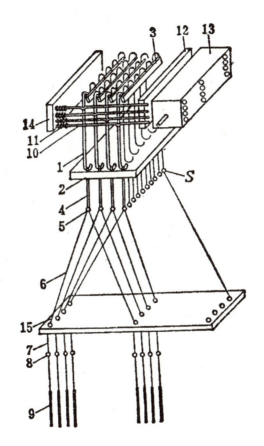

1. 竖针　2. 托板　3. 刀片　4. 首线
5. 通丝钩　6. 通丝　7. 综丝　8. 综眼
9. 综锤(下柱)　10. 横针　11. 小弹簧
12. 横针板　13. 花筒　14. 压针板
15. 目板

图9-6　新式提花笼头的结构示意图

图 9-7　电力织机

从此宋锦生产也就由原来的手织木机改为电力织机（图 9-7），由马达传动，而不是手拉脚踏。同时由于宋锦纬向有多把梭子控制多种色彩的丝线织造，故投梭也由手工投梭改为多梭箱装置的机械投梭。

自 1975 年起，苏州宋锦开始由铁木机向全铁机再向自动丝织机的方向改进。

3. 装造技术的变革

由于近代提花笼头的使用，织物显花不再通过人工牵花，故也不用牵线，而改用由纹针联结通丝，穿入目板，再联结穿入经线的综丝来达到起花的目的。这一改革不但大大节省了人力、物力，而且大大提高了功效。图 9-7 所示为生产宋锦的电力织机。

由于宋锦的组织结构多数为三枚斜纹，故宋锦的目板穿法通常采用"二段三飞"，具体穿法和数据如表 9-2 所示。

表 9-2　目板穿法示意图

(1)

目板分区名称	素边区	水路	花区	水路	素边区
宽度		0.25 厘米	98 厘米	0.25 厘米	
通丝行数		1 行	320 行	1 行	
经线数		18 根	5760 根	18 根	
	面经	6 根	1920 根（每片泛片 664 根×3 片）	6 根	

(2)

当今为抢救挖掘出的宋锦织物,必须保持传统宋锦的风格特色,故不但织物组织不变,密度也较为细密。同时仍采用地经和面经两组经线,只是其地经不再穿入综片,而直接穿入纹针区。另外,为便于织物装裱之用,仍保留传统宋锦中的"水路",即地经增加数十根,作为水路(素边),另由数根纹针管理。其面经不穿入纹针区,只穿入素综区的三片综片,综片另用数根纹针控制升降。图9-8为上机图,图9-9为穿综示意图。

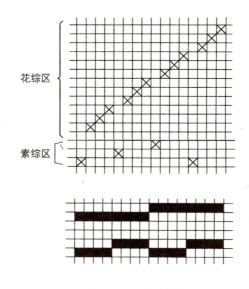

图 9-8 上机织造图

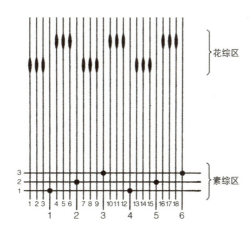

图 9-9 穿综示意图

第十章

保护和传承宋锦的意义与价值

宋锦的独特性

较之汉锦和唐锦,宋锦在组织结构和艺术风格上都有很大的突破和创新。

1. 织物结构方面

改变了汉代经锦仅以经线显花和唐代纬锦仅以纬线显花的局限性,采用了经纬线联合显花的组织结构,使织物表面色彩和组织层次更为细腻和丰富,这是划时代的突破。

2. 丝线材料方面

它采用了一组较为纤细的经线(称接结经或面经),来接结织物正反两面长浮的纬线,使织物花纹更为清晰、丰满、肥亮,质地又较经锦和纬锦轻薄,更适于用做服饰和书画的装裱、装帧,这是厚重的汉锦、唐锦以及云锦所不及的。

3. 制作工艺方面

主要应用了彩抛换色之独特工艺,传统称"活色"技艺,即在不增加纬线重数和织物厚度的情况下,使织物表面色彩多变而丰富,甚至可以做到整匹锦的花纹之色彩均不相同。这一工艺特征不但被后来的云锦所吸收和发扬,而且也一直流传到当代的织锦工艺上。

4. 图案风格方面

它以变化几何纹为骨架,如龟背、四达晕、六达晕、八达晕等,内填自然花卉、吉祥如意纹等,配以和谐的地色、略加对比色彩的主花,使之艳而不俗,古朴高雅,既具有唐宋以来的传统风格特色,又与元、明时期流行的光彩夺目的织金锦、妆花缎等品种有着明显的区别,更符合贵族和士大夫阶层崇尚优雅秀美的艺术品位。

5. 织物用途方面

宋锦由于其质地较轻薄、精细,风格又古朴典雅,故用途广泛,除适宜制作高档服饰品以及挂轴、屏风、靠垫、坐垫等装饰品外,更广泛用于书画、挂轴、锦匣之装帧。

宋锦的主要价值

基于宋锦具有上述特点,自宋代起,它便取代了秦汉时期的经锦、隋唐时期的纬锦,在宋、元和明、清时期蓬勃发展。宋锦的价值主要表现在:

1. 历史价值

宋锦源于春秋,形成于宋代,辉煌于明清,是中国丝绸传统技艺杰出的代表作之一,也是苏州这座古城特有的人类非物质文化遗产代表作之一。苏州宋锦在历史上一直处于领先地位,并以其独特的结构、精湛的技艺、典雅的图案色彩、古朴高贵的艺术魅力在国内外享有盛誉。宋锦在公元1465年至1505年间即明、清两朝为繁盛时期,苏州织造府织造的龙衣、帛、锦、纱、缎、绢等,以宋锦最为著名。苏州当时作为全国丝织业的中心,官办、民办产销两旺,盛极一时,有"东北半城,万户机声"之称。苏州所形成的资本主义生产关系的萌芽,商业的繁荣,政治、经济、文化地位的提高,均与宋锦业的发达分不开,故抢救宋锦有着深远的历史意义。

2. 科学与艺术价值

如前所述,宋锦在织物结构上的突破、工艺技术上的变革、艺术风格上的创新,充分显示了它的优越性和杰出性,以至于它能取代古代的经锦和纬锦,在宋、元、明、清一直得到发展。至今有很多宋锦的精品传世。尤其是故宫博物院收藏的国家一级文物"极乐世界图轴",据说,是一件近200厘米宽和450厘米高的巨幅作品,必须由2.5米左右的特阔机,5~6个工匠,采用19把长短抛梭才能织出。其结构之巧妙、工艺之精湛、生产技艺之高超,在当今都难以达到。另外故宫博物院收藏的明代宋锦"盘绦花卉纹宋式锦"等,即为采用"活色"彩抛工艺的典范,其科学和艺术价值也是不可估量的。

3. 应用价值

宋锦自问世以来,历经千年演变,始终是深受国内外欢迎的传统产品。由于其独特的风格、精美的品质,而有着广泛的用途。据《姑苏志》记载,明代宣德年间,曾织"昼锦堂记"及有词曲文字的欣赏品锦,还有紫白落花流水的装裱用锦。成化、弘治年间,进入繁荣时期,锦袍的穿着范围从内府上用扩大到官用,品种较多。清初织造局生产的正运缎匹分为上用和官用两种。尤其在御用贡品中,从帝王后妃的御用服饰,到宫廷帷幔垫褥的装饰,从内廷书画、寺庙佛经的装帧,到对外群臣使节的馈赠礼品等,处处都用到宋锦。当今,随着人类物质、文化生活水平的提高,宋锦在高档消费领域将会有一定的市场需求和应用潜力,值得很好地挖掘和开发。

宋锦的现状

近数十年来,随着国内外商品包装方式和现代人们服饰的变化,宋锦的国内外订单急剧减少。为适应一般消费市场的需要,一些采用化纤为主要原料、价格十分低廉的低档宋锦开始大量涌现,使传统宋锦的生产和销售受到极大冲击。再加上成本高、利润低,以及工人待遇低、劳动条件差等多种因素,宋锦产业日趋式微。原来主要生产宋锦的苏州织锦厂,也转产其他产品;苏州东吴丝织厂原少量生产宋锦的机器也逐步改织其他产品。尤其是1997年至1998年,在全国丝绸行业萎缩、萧条、改制的大气候下,苏州织锦厂先后停产、倒闭,设备拆损,产品削价处理,厂房被拍卖,另搬到苏州城北公路一侧(图10-1)。而原位于苏州狮林寺巷25号的厂址现已成了一片住宅小区(图10-2)。宋锦业一片凋零景象。

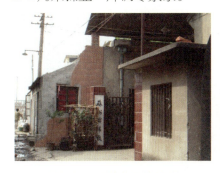
图10-1　现城北公路厂门

图10-2　狮林小区一角

更让人痛心的是,宋锦珍贵的技术档案和资料散失,技术人员流失。目前宋锦专业技术人员有的退休,有的改行,有的身体欠佳,甚至已经过世了。目前还有两位曾经从事宋锦生产经营的老工人,已逾九十高龄。传统宋锦技艺濒临人亡技绝之危!当今苏州的年轻人,很少有人知道苏州历史上曾经有过三大名锦之一的宋锦。原汁原味的宋锦真品,也只能在故宫博物院、苏州博物馆、苏州丝绸博物馆及荣宝斋等少数几处地方见到。目前苏州只有几家生产中低档宋锦的小厂还在艰难维持。

所以,抢救和保护宋锦迫在眉睫,也是政府和社会以及丝绸工作者义不容辞的责任。

近年来,各级政府开始重视历史文化遗产和非物质文化遗产的保护。自2004年起,国家文化部、江苏省文化厅、苏州市文广局等各级

图10-3　宋锦织造基地

图10-4　传承人奖牌

单位对非物质文化遗产组织申报、评审和列项,几经努力,"宋锦织造技艺"被列为首批国家非物质文化遗产代表作之一,并拨下了少量经费加以扶持。同时明确苏州丝绸博物馆为宋锦保护和传承的承担单位(10-3),作者也被评为首批"宋锦织造技艺"的国家级代表性传承人(图10-4)。

2006年,"苏州钱小萍古丝绸复制研究所"成立。在当时苏州丝绸博物馆书记陶苏伟的提议和支持下,作者才下决心,以近七十的高龄继续坚守古丝绸研究和复制这块阵地,并重点致力于宋锦的研究、保护和传承。

2008年,苏州市委宣传部及苏州市劳动保障局、文广局、经贸委和市总工会联合授予"钱小萍宋锦织造技能大师工作室"的铜牌(图10-5)。

2009年,宋锦织造技艺又被列为"人类非物质文化遗产"之一。

图 10-5　大师工作室铜牌

如何对宋锦进行抢救、保护

对于濒临失传的宋锦织造技艺,如何进行抢救、保护和传承,是摆在我们面前的一个重要课题。抢救、保护和传承是互为因果关系的一个整体,抢救和保护的目的是传承,传承是最好的抢救和保护。所以,首先必须将已失传的传统技艺迅速加以抢救和挖掘,并做到逐一抢救、逐一保护和逐一传承。

当务之急,必须组织力量,多渠道地收集、挖掘和抢救已散失的宋锦技术档案、技术资料和样品,并通过调研、走访,全面了解宋锦有史以来的花色品种类别、生产经营状况、社会需求和市场情况以及现存宋锦技术人才等。这些工作,作者几年前就开始进行了。为保护和抢救行将失传的传统宋锦,作者曾走了许多苏州的大街小巷,寻访那些曾经生产和经营过宋锦的老艺人、老工匠。可惜的是,他们或改行,或过世,或年事已高,或身体欠佳,不愿见客,所以收获甚微。为了征集宋锦文物资料,作者多次到有关博物馆、文物商店和私人收藏家家中造访,但由于苏州生产的宋锦历来作为贡品入贡京城,本地出土宋锦文物极为少见;即使有些贵族家庭的传世品,也几乎在"文革"中被毁殆尽,所以当前的苏州宋锦文物难觅踪影。所幸有一位民间收藏家李品德被作者的精神感动,将自己多年收藏的宋锦残片出借给作者研究,并赠送了一块给作者。每征集到一块宋锦资料,哪怕只是一块残片,作者也是如获至宝,带回家中反复研究,仔细探索它的工艺特征和结构技巧。

其次,必须将收集到的珍贵的宋锦真品加以科学复制。在复制过程中,不但能探索它的技术奥秘,重现它的风采,还可复原宋锦织机,培养和锻炼技术人才,这样才能真正做到对宋锦织造技艺的传承和保护。

不过,正如前文所述,由于工厂倒闭,资料和人才流失,要对宋锦进行复制困难重重。幸而早在1966年,作者就曾和花样设计专家胡芸(已故)两人,为了宋锦的继承和创新到苏州宋锦织造厂去"蹲点",对宋锦作过较全面的学习、调查和探索。多年来,作者一方面致力于创建苏州丝绸博物馆,以全面挖掘、保护和研究古丝绸文物;一方面不断深入对宋锦的研究,并带领年轻的专业人员复制出了一台宋锦花楼织机,对一部分有代表性的宋锦文物残片进行了科学复制。苏州丝绸博物馆自2009年承担宋锦的保护项目以来,又组织复原了两台宋锦花楼织机,并复制了若干件故宫博物院的宋锦文物珍品。但要真正做好对宋锦传统技艺这一人类非物质文化遗产代表作的保护,还任重而道远。

宋锦技艺的传承和创新

宋锦技艺传承的重要方面之一,首先是对宋锦一系列织造技艺的复制,包括织机、工器具、原材料、产品、加工工艺等。复制研究的成果,实物可供陈列展览,工艺、图稿、技术、论文等可供建立技术档案、编写学术专著和技术培训教材等。

其次,必须对宋锦进行推广应用。我们不能死抱着传统不放,古为今用、推陈出新才是真正的传承。传统的宋锦织造技艺固然有其独特的、优秀的、值得继承的地方,但随着科学技术的发展,也有必须改进之处。我们既要继承传统,又要创新发展,这才是传承的根本。

2006 年,作者从民间收藏家李品德手中收集到一块珍贵的宋锦残片,对其原材料、组织结构、花纹色彩、制作工艺等作了仔细的分析研究,其经纬密度较大,纬线重数较多,系手工花楼机制织。如果完全按照传统方法复制,手工织机已普遍淘汰,懂得手工织机操作的工匠也难以找到,而且,传统手工生产毕竟产量低、成本高。因此,作者设想能否在保持宋锦基本风格特色的前提下,将部分传统宋锦移植到现代织机上去开花结果呢?于是,开始从这个方面入手去调研、设计。

首先,必须找到一家在设备、技术和人才方面都具备相当优势并对弘扬传统丝绸文化有兴趣的工厂。几经周折,最后终于在苏州西郊找到了一家"天翱特种丝绸工艺品厂",该厂厂长李德喜是一名丝织机械工程师,他丝织工出身,刻苦钻研,自学成才,对各类丝织机都了如指掌。数十年来与夫人一起艰苦创业,现已建成了一家颇具规模,在国内外颇有名气的特种丝绸技艺织造工厂。手下又有一批高水平的技师和工匠。当作者前去访问并将意图告诉李厂长后,他二话没说,一口答应,并对此给予了极大的支持。于是,作者开始对该宋锦残片进行复制移植的方案设计。

(1)在机械工艺方面:必须适应电力机的生产条件,但在装造工艺上,必须按照宋锦结构进行改革。按设计要求,该厂专门打造了两台半机械半手工织机,利用该厂原有的提花龙头和织机机架,综片根据宋锦所需之数配备,为便于生产,梭箱宜以工厂原有的 2×2 梭箱为主(图10-6)。

图10-6　改良后的宋锦织机

（2）在组织结构方面：一方面保持传统的经向既有地经又有面经的两重经线之织物，另一方面，在纬向作相应的变化。因2×2梭箱纬向最多只能有3把梭子，所以不可能像手工制织宋锦时可以采用多重纬线、多把梭子，要达到传统宋锦织物多彩的效果，简直是"巧媳难为无米之炊"。经反复构思,将其中的一把梭子定为既起"地纬"又起"纹纬",另一把梭子为"花纹长纬",而第三把梭子为"花纹特抛"(特抛,即可以有多种色彩的变换)。这三把梭子之间的丝线色彩又可相互混合搭配,即在结构上,花纹局部组织为两把梭子的混合显花。经这样巧妙的设计,就使三把梭子的纬线显花达到了多种色彩变换的效果。

（3）在装造工艺方面：采用提花纹针和综片相结合的办法,即由纹针起花纹并起地组织,综片起接结组织,将地经穿入纹针区,其纹针区的目板穿法如图10-7所示;而面经仅穿入综片区。这正是吸取传统手工宋锦显花的工艺原理。另外,传统宋锦中有特有的"水路",即在织物边缘与内幅之间两边各留一条宽3毫米左右的素档(图10-8),以便于宋锦织物的装裱工艺加工之用。所以,该宋锦设计安排到工厂造

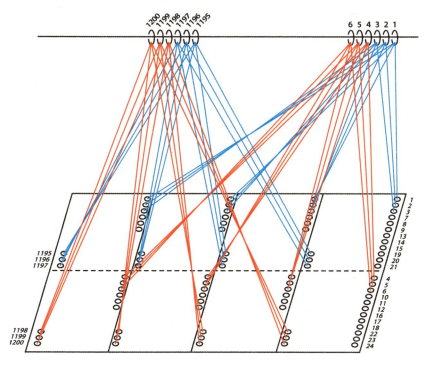

图10-7　目板穿法示意图

机时,除作出花纹目板穿法图之外,也须作出"水路"的目板穿法图(图10-9)。因这种宋锦中采用的"水路"的工艺现代已基本消失,所以这里着重提一下。

图10-8 "水路"示意图

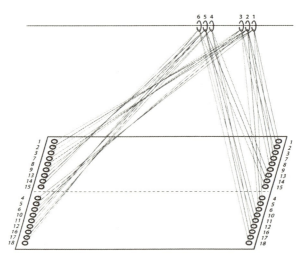

图10-9 "水路"目板穿法图

（3）在纹制技术方面：应用现代的电脑绘画意匠和电脑轧纹版技术，结合宋锦的织物结构和纹样风格进行研究配置。图 10-10 为菱格四合如意宋锦意匠片断图，表 10-1 为菱格四合如意宋锦轧孔表。

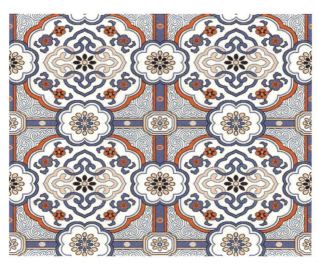

图 10-10　菱格四合如意宋锦意匠片断

表 10-1　菱格四合如意宋锦轧孔表

纬线\设色\经线	甲经 白	甲经 青	甲经 红	甲经 绿	乙经 综片三片
甲纬	踏1/空2	踏1/空2	踏1/空2	○	踏2/空1
乙纬	×	○	×	○	踏2/空1
丙纬	×	×	○	×	踏2/空1
备注	1. 反面向上 2. 丙纬换抛，提前一梭踏停机针				

（4）在织造工艺方面：吸取传统宋锦抛道换色的"活色"技艺。这一技艺在手工织造中比较方便，但在现代织机的生产中就很麻烦。首先，在画意匠和踏花时，在纹版上就必须提前一梭踏停机针；其次，到了织机上，机械工艺师又必须将停机针连接到织机的传动开关上，即

根据织物花纹的色彩变化,当需要换色时,织机必须停下来,然后由织手进行手工换色,换好色后再开动织机,这样机械和手工结合,就可不断变换色彩,使整匹宋锦呈现五彩斑斓的外观效果(图10-11)。

图10-11　生产中的宋锦

经过数月的努力,从意匠、踏花、装机、造机、经纬原材料加工到上机织造,这块古老的宋锦残片终于在现代的织机上重现精致美丽的原貌(图10-12、图10-13)。

图10-12　菱格四合如意宋锦残片

图 10-13　菱格四合如意宋锦复制件

近年来,作者根据有关的文献记载和收集的残片资料,先后主持复制和仿制了多件传统宋锦作品(图 10-14、图 10-15、图10-16、图10-17、图10-18),分别参加了由文化部和中国非物质文化遗产保护中心举办的"2007 文化遗产日"展览以及由江苏省文化厅和江苏省文物局等单位联合举办的"第三届江苏省文物节——江苏省工艺美术精品展"等,同时有数件作品还被日本冈谷蚕丝博物馆收藏和陈列,广受好评。其中"菱格四合如意锦"又被南京的中国织锦艺术馆收藏和陈列。

图 10-14　球路双狮纹锦

图 10-15　黄地吉祥宝相八达晕锦

图 10-16　蓝地龟背花朵锦之一

图 10-17　鸳鸯瑞花纹锦

图 10-18　蓝地龟背花朵锦之二

根据以上的设计方案和这两台织机的装造模式,今后还可以不断复制和仿制古老的宋锦珍品,以达到不断传承技术的目的。

2007年,受中国对外友协的委托,要设计一套以奥运会吉祥物福娃为图案的织锦邮票。这是世界邮票史上前所未有的尝试。一般邮票都是纸质的,也有丝质印花的和丝质刺绣的,但从未有织锦提花的。经过一番调查和对比分析,作者决定应用宋锦的结构加以设计。因为首先,宋锦是中国的三大名锦之一,是人类的非物质文化遗产;其次,织锦中宋锦较为轻薄、平挺,有利于装裱和粘贴。不过,也要考虑降低成本,以适应在奥运会期间大量发行的需要,用传统手工制织的方法成本高、产量低,显然不合适。所以,作者在接受了这个具有历史意义的任务后,要综合这几个方面的因素来考虑设计制作方案。一方面要保持传统宋锦的结构和风格,另一方面又要在此基础上加以变革和创新,突出表现奥运标志和福娃形象。这就给设计和工艺带来了相当的难度。作者通过织物结构上的巧妙变化,运用传统宋锦中独特的彩抛"活色"技艺,结合现代生产技术,精心设计了织物组织、纹制工艺、装造工艺和织造工艺,经过半年多的反复试验和不断改进,终于研制成功了奥运福娃纹宋锦织物(图10-19),其上的福娃栩栩如生。再经邮票专业厂家的研究和打孔加工后,世界首创的织锦邮票终于在奥运会前夕诞生了(图10-20)。它象征了"锦绣奥运,锦绣中国",也是传统宋锦结合时代需要的创新。

宋锦邮票的试验成功,标志着宋锦完全可以冲出传统的概念,进行改革和创新。原则上可以从以下几个方面考虑:

1. 织物结构方面

在保持宋锦的基本结构特征的前提下,可根据织物的用途改变其经纬线的粗细和密度等,使织物的厚度有所变化,分为厚重型、中厚型和中薄型。如应用于高档袍服、壁挂、铺垫等则设计厚重类的宋锦;如应用于一般服饰、装帧、装裱等则采用中厚型或中薄型宋锦。

图 10-19　福娃纹宋锦

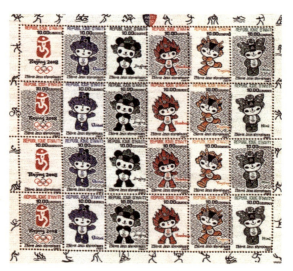

图 10-20　福娃纹宋锦邮票(奥运纪念邮票)

2. 生产工艺方面

在吸取传统宋锦织造技艺的前提下,通过巧妙的设计,尽量将原来的手工生产改为机械化和半机械化生产,以降低成本,增加产量,并能适应现代化工厂的生产条件。

3. 图案风格方面

必须结合现代文化生活和不同的用途需求,融合传统与现代两种不同的元素,使宋锦的图案风格既具有传统的特色,又结合地方独特的题材,还不失现代时尚的韵味。

4. 织物用途方面

应打破传统宋锦主要用于书画、挂轴、装帧、装裱等的局限,而同时考虑在高档服装服饰和实用品方面的应用,如在外衣、领带、腰带、鞋帽、手提包等实用性较强的产品上的应用,同时也可拓宽其他特殊应用领域,如邮票、贺卡、书套、唐卡等文化和佛教用品以及高端市场的奢侈品领域。

总之,古老的宋锦若要在新时代生存和发展,必须通过对市场的考察与调研,结合现代生活与文化艺术市场的需求,不断地加以创新,才能赋予新的生命力,也只有这样才能更好地传承与弘扬,否则它只能永远是博物馆的收藏品和陈列品。现在,三大名锦中的云锦和蜀锦已闯出路子,走在前头,发展得很好。

在此,作者衷心希望宋锦的传承能得到政府部门进一步的重视和支持,真正落实人类非物质文化遗产的保护和建设工程,从政策扶持、资金落实、人才培养到宣传推广、建立基地等,一步一个脚印去实施。只有在政府与民间、单位与个人共同努力之下,才能使濒临失传的传统宋锦得到抢救、挖掘、保护和传承。

具体的保护,在资金落实的前提下,建议从以下几方面着手:

1. 理论性保护(档案和技术理论资料的研究和保护)

(1)通过多种渠道收集、挖掘和抢救已散失的宋锦技术档案资料及样品,并通过走访和调研,全面了解宋锦有史以来的生产、经营状况,社会需求和市场情况,以及还有哪些熟悉宋锦生产技艺的工程师、老工匠、老艺人以及传承人等。

(2)对调查所获资料进行整理、研究并建档。

(3) 进一步开展宋锦的理论研究工作,将宋锦的历史、文化、织物结构、图案风格艺术、制作工艺技巧及生产经营状况等,拍摄并制作成光碟、编写和出版书籍。作者曾写了《宋锦专辑》,同时又花了数年时间撰写了《中国宋锦》一书。本书较全面、系统地阐明宋锦的历史沿革及宋锦技艺传承要旨等,但仅是目前唯一的宋锦专著。

2. 实质性保护

(1) 建立宋锦研究和保护基地,现由苏州丝绸博物馆主要承担这项任务。

(2) 建立有关宋锦历史、文化和实物等的内容丰富的陈列厅。

(3) 研究和复原传统宋锦织机和相关的传统工器具。

(4) 复制一批明、清时期有代表性的宋锦文物珍品。

(5) 宋锦研究面向市场,走向工厂,根据需要逐步形成具有一定生产能力的传统宋锦生产基地,做到研究、生产、贸易三结合。

(6) 培养学徒和年轻专业人员,在研究和实践过程中造就一批老中青相结合的既有理论基础又有实践经验的宋锦传承队伍和体系。

另外,联合国教科文组织早在 2003 年 10 月 17 日在巴黎举行的第三十三届会议上通过了《保护非物质文化遗产公约》(详见附4),这是如何保护和传承非物质文化遗产的指南,要求各缔约国、各地方政府部门及有关群体按此执行。这对宋锦的保护与传承具有指导意义。

附录

附1：

新中国成立前苏州宋锦产品参加国内外展览获奖情况

宣统二年(1910)，农商部在南京举办"南洋劝业会"，苏州夏庆记出品的仿古宋锦获优秀奖，徐万泰出品的上用四字锦，陆万昌出品的十方仿宋锦、葵云宋锦，蒋万顺出品的韦陀八吉仿宋锦、黄天花仿宋锦，同获金牌奖。同年夏庆记、老源号纱缎庄出品的大红金彩百合如意置成宋锦桌帏，参加劝业场举办的特产展览会。

民国元年至三年(1912—1914)，蒋万顺出品的十景大四盒仿宋锦一匹、十方宋锦一匹、各种宋锦缎十八匹，夏庆记出品的大红妆五彩嵌真金如意仿古宋锦一匹及广彩宋锦，参加江苏省首届地方物品展览会展出。

1915年，徐隆茂出品的各种宋锦缎三件，参加实业部国货陈列馆展出。

1921年，江苏省第二届地方物品展览会，苏州蒋万顺源记、陆万昌出品的宋锦，施和记出品的宋锦丝枪缎同获二等奖。

1923年，苏州总商会国货商品陈列所第一届给奖，施和记、沈正和、陆万昌、庆丰出品的宋锦同获超等奖。

1923年2月，陆万昌出品的古锦、天元锦、十方锦参加在美国纽约举行的国际丝绸博览会，获得好评。

1924年10月，江苏省第三届地方物品展览会，陆万昌和施和记出品的改良宋锦同获一等奖。

1926年12月,江浙皖三省联合举办丝茧展览会,徐隆茂出品的宋锦缎获二等奖。

1929年6月,徐锦泉(徐隆茂主)出品的仿古宋锦,参加浙江省举行的"西湖博览会"展出,获优等奖。

1931年,徐隆茂出品的鹅黄宋锦缎、大红宋锦缎等各一件,选送实业部国货陈列馆展出。

1932年,徐隆茂出品的宋锦四缎,参加铁道部铁路沿线产品展览会展出。

1937年2月,徐隆茂出品的五种仿古宋锦,由吴县商会征集,参加全国手工艺品展览会展出。

附 2：

联合国教科文组织
《保护非物质文化遗产公约》概要

保护非物质文化遗产的重要性

首先提到了为什么要制定本公约，主要有以下几点重要性：

考虑到 1989 年的《保护民间创作建议书》、2001 年的《教科文组织世界文化多样性宣言》和 2002 年第三次文化部长圆桌会议通过的《伊斯坦布尔宣言》强调非物质文化遗产的重要性，它是文化多样性的熔炉，又是可持续发展的保证。

考虑到非物质文化遗产与物质文化遗产和自然遗产之间的内在的相互依存关系，承认全球化和社会变革进程除了为各群体之间开展新的对话创造条件外，也与不容忍现象一样使非物质文化遗产面临损坏、消失和破坏的严重威胁，而这主要是因为缺乏保护这种遗产的资金。

意识到保护人类非物质文化遗产是普遍的意愿和共同关心的事项。

承认各群体，尤其是土著群体，各团体，有时是个人在非物质文化遗产的创作、保护、保养和创新方面发挥着重要作用，从而为丰富文化的多样性和人类的创造性作出贡献。

注意到教科文组织在制定保护文化遗产的准则性文件，尤其是 1972 年的《保护世界文化和自然遗产公约》方面所做的具有深远意义的工作。

还注意到迄今尚无有约束力的保护非物质文化遗产的多边文件。

考虑到国际上现有的关于文化遗产和自然遗产的协定、建议书和决议需要有非物质文化遗产方面的新规定有效地予以充实和补充。

考虑到必须提高人们,尤其是年轻一代对非物质文化遗产及其保护的重要意义的认识。

考虑到国际社会应当本着互助合作的精神与本公约缔约国一起为保护此类遗产作出贡献。

忆及教科文组织有关非物质文化遗产的各项计划,尤其是"宣布人类口述遗产和非物质文化遗产代表作"计划。

认为非物质文化遗产是密切人与人之间的关系以及他们之间进行交流和了解的要素,它的作用是不可估量的。

《保护非物质文化遗产公约》的宗旨

公约在总则中指出,本公约有宗旨如下:

1. 保护非物质文化遗产;
2. 尊重有关群体、团体和个人的非物质文化遗产;
3. 在地方、国家和国际一级提高对非物质文化遗产及其相互鉴赏的重要性的意识;
4. 开展国际合作及提供国际援助。

非物质文化遗产的定义

"非物质文化遗产"指被各群体、团体、有时为个人视为其文化遗产的各种实践、表演、表现形式、知识和技能及其有关的工具、实物、工艺品和文化场所。各个群体和团体随着其所处环境、与自然界的相互关系和历史条件的变化不断使这种代代相传的非物质文化遗产得到创新,同时使他们自己具有一种认同感和历史感,从而促进了文化多样性和人类的创造力。在本公约中,只考虑符合现有的国际人权文件,各群体、团体和个人之间相互尊重的需要和顺应可持续发展的非物质文化遗产。

非物质文化遗产的内容

按上述定义,"非物质文化遗产"包括以下方面:

(a) 口头传说和表述,包括作为非物质文化遗产媒介的语言;

(b) 表演艺术;

(c) 社会风俗、礼仪、节庆;

(d) 有关自然界和宇宙的知识和实践;

(e) 传统的手工艺技能。

非物质文化遗产的保护措施

1. "保护"指采取措施,确保非物质文化遗产的生命力,包括这种遗产各个方面的确认、立档、研究、保存、保护、宣传、弘扬、传承(主要通过正规和非正规教育)和振兴。

2. 其他保护措施

为了确保其领土上的非物质文化遗产得到保护、弘扬和展示,各缔约国应努力做到:

(a) 制定一项总的政策,使非物质文化遗产在社会中发挥应有的作用,并将这种遗产的保护纳入规划工作;

(b) 指定或建立一个或数个主管保护其领土上的非物质文化遗产的机构;

(c) 鼓励开展有效保护非物质文化遗产,特别是濒危非物质文化遗产的科学、技术和艺术研究以及方法研究;

(d) 采取适当的法律、技术、行政和财政措施,以便:

(i) 促进建立或加强培训管理非物质文化遗产的机构以及通过为这种遗产提供活动和表现的场所和空间,促进这种遗产的承传;

(ii) 确保对非物质文化遗产的享用,同时对享用这种遗产的特殊

方面的习俗做法予以尊重;

(iii) 建立非物质文化遗产文献机构并创造条件促进对它的利用。

3. 教育、宣传和能力培养

各缔约国应竭力采取种种必要的手段,以便:

(a) 使非物质文化遗产在社会中得到确认、尊重和弘扬,主要通过:

(i) 向公众,尤其是向青年进行宣传和传播信息的教育计划;

(ii) 有关群体和团体的具体的教育和培训计划;

(iii) 保护非物质文化遗产,尤其是管理和科研方面的能力培养活动;

(iv) 非正规的知识传播手段。

(b) 不断向公众宣传对这种遗产造成的威胁以及根据本公约所开展的活动;

(c) 促进保护表现非物质文化遗产所需的自然场所和纪念地点的教育。

4. 社区、群体和个人的参与

缔约国在开展保护非物质文化遗产活动时,应努力确保创造、延续和传承这种遗产的社区、群体有时是个人的最大限度的参与,并吸收他们积极地参与有关的管理。

主要参考文献

1. 李仁溥:《中国古代纺织史稿》,岳麓书社1983年7月版。
2. 上海市纺织科学研究院、上海市丝绸工业公司文物研究组:《长沙马王堆一号汉墓出土纺织品研究》,文物出版社1980年版。
3. 陈娟娟:《清代宋锦》,故宫博物院院刊1984年第4期。
4. 黄能馥、陈娟娟:《中国丝绸科技艺术七千年》,中国纺织出版社2002年版。
5. 钱小萍:《中国传统工艺全集·丝绸织染》,大象出版社2005年版。
6. 汪长根、蒋忠友:《苏州文化与文化苏州》,古吴轩出版社2005年版。
7. 宋执群:《苏州丝绸》,辽宁人民出版社2005年版。
8. 廖志豪、张鹄、叶万忠、浦伯良:《苏州史话》,江苏人民出版社1980年版。
9. 段本洛、张圻福:《苏州手工业史》,江苏古籍出版社1986年版。
10. 张英霖:《苏州古城散论》,古吴轩出版社2004年版。
11. 《苏州文史资料》第1-5合辑,政协苏州市委员会文史资料委员会,吴县文艺印刷厂,1990年出版。
12. 杨循吉:《吴中小志业刊》,广陵书社2004年版。
13. 《吴中情思》(苏州文史总第十七辑),政协苏州市委员会文史资料研究委员会合编。

14. 黄能馥:《中国印染史话》,中华书局出版社 1962 年版。

15. 荆州博物馆:《荆州博物馆馆藏精品》,湖北美术出版社 2008 年版。

16. 田明:《土家织锦》,学苑出版社 2008 年版。

17. 周迪人、周旸:《德安南宋周氏墓》,江西人民出版社 1999 年版。

18. 朱同芳、张玉英:《南京云锦》,南京出版社 2003 年版。

19. 王君平:《蜀锦》,四川美术出版社 2004 年版。

20. 杨卫泽:《苏州文物菁华》,古吴轩出版社 2004 年版。

21. 朱新予:《中国丝绸史》,纺织工业出版社 1992 年版。

22. 李军均:《红楼服饰》,时报文化出版 2004 年版。

23. 杨丹:《丝绸文化》,纺织工业出版社 1993 年版。

24. 《丝绣笔记》卷下

25. 徐仲杰等:《南京云锦》,南京出版社 2002 年版。

26. 杨志祥、程起时等:《提花机》,纺织工业出版社 1985 年版。

27. 黄能馥:《中国南京云锦》,南京出版社 2003 年版。

28. 苏州市丝绸工业公司编写组:《苏州丝绸工业志》第三册,内部资料,1986 年印。

后　记

　　在中国三大名锦中,《中国云锦》、《中国蜀锦》两本书早已相继问世。而宋锦,由于已失传多年,生产工厂早已倒闭,技术人员和技术资料严重流失,实物和图片更是所存寥寥,故撰写成书十分困难。历时多年,几易其稿,总感到资料匮乏,难以成书。即使成书,也缺乏经费出版。这时首先得到苏州大学出版社吴培华总编的大力支持,是他竭力推荐和争取,使本书被列入江苏省重点出版计划;同时苏州市文广局非物质文化遗产保护中心的龚平主任也对该书的撰写十分重视,不但将本书列入传承保护计划,还给予了资助;另外,中国科学院自然科学史研究所的华觉明教授和清华大学工艺美术学院的黄能馥教授又一再鼓励我、支持我。以上这一切的关心和帮助,终于使我增强了信心,再困难也一定要将此书写成功。在此,谨向上述单位领导和专家致以衷心的感谢!

　　在本书的写作过程中,又得到北京故宫博物院的支持,该院信息资料中心提供了数十张苏州历年生产的宋锦织物的照片;苏州丝绸博物馆和苏州市地方志编辑组也提供了一些有关宋锦的宝贵资料;另外,苏州丝绸博物馆副馆长沈惠参与撰写了个别小节;我的助理沈之娴则协助完成图片、资料的收集和文稿的整理、打印等具体事务,在此一并表示感谢!

今天,《中国宋锦》一书终于完稿,我由衷地感到欣慰。它是我多年心血的结晶,相信本书的出版将有助于宋锦织造技艺这一人类非物质文化遗产的传承和弘扬。

由于本人撰写水平和所拥有的资料有限,书中难免有差错和疏漏之处,恳请读者和学界同仁批评、指正。

钱小萍
2011 年 4 月 19 日